Gerhard Kockläuner

Methoden der Armutsmessung

Logos Verlag Berlin

λογος

Bibliografische Information der Deutschen Nationalbibliothek

Die Deutsche Nationalbibliothek verzeichnet diese Publikation in der Deutschen Nationalbibliografie; detaillierte bibliografische Daten sind im Internet über http://dnb.d-nb.de abrufbar.

Abbildung auf der vorderen Umschlagseite:
Multidimensional Poverty Index (MPI) für das Jahr 2011
Abdruck mit freundlicher Genehmigung des UNDP
(United Nations Development Programme)

ISBN 978-3-8325-3058-7

Logos Verlag Berlin GmbH
Comeniushof, Gubener Str. 47,
10243 Berlin
Tel.: +49 (0)30 / 42 85 10 90
Fax: +49 (0)30 / 42 85 10 92
http://www.logos-verlag.de

Vorwort

Die vorliegenden ***Methoden der Armutsmessung*** stellen sich die Aufgabe, einen systematischen Überblick über statistische Ansätze zur ein- sowie mehrdimensionalen Armutsmessung sowie deren mathematische Eigenschaften zu geben. Die Darstellung ist einerseits historisch ausgerichtet. Sie beginnt mit der grundlegenden Arbeit von Amartya Sen (1976), verfolgt dann anhand der für Armutsmaße erwünschten Axiome die weitere methodische Entwicklung. Dabei konzentriert sie sich andererseits, auch mit Bezug auf eigene Arbeiten, auf ethische Ansätze der Armutsmessung. Die Mehrzahl der dargestellten Armutsmaße ist relativ. Es werden aber auch absolute und intermediäre Maße vorgestellt. Armut im Zeitverlauf, unscharfe Zugehörigkeiten zur Gruppe armer Merkmalsträger, daneben Modifizierungen von Systemen sogenannter Kernaxiome gehören zu den betrachteten Themen. In der mehrdimensionalen Armutsmessung erfolgt die Unterscheidung zwischen quantitativen und qualitativen Armutsdimensionen. Insbesondere letztere haben die Armutsmessung von UNDP, dem Entwicklungsprogramm der Vereinten Nationen in letzter Zeit entscheidend verändert.
Die ***Methoden der Armutsmessung*** verzichten auf konkrete Wiedergaben der Beweise für Axiomatisierungen bestimmter Armutsmaße. Während solche Beweise der mathematischen Wirtschaftstheorie zuzurechnen sind, hat die gewählte Darstellung eher statistischen Charakter. Es werden aber dennoch Verbindungen zur Nutzen- und damit auch Wohlfahrtsmessung gezogen.
Die Einteilung der ***Methoden der Armutsmessung*** in kurze thematisch prägnante Abschnitte mit hervorgehobenen Stichworten soll Leserinnen und Lesern den Einstieg in die Thematik erleichtern. Insbesondere zu Axiomen der Armutsmessung gibt es aber auch eine längere Zusammenfassung. Am Ende der jeweiligen Teile finden sich Ergänzungen mit Literaturverweisen auf Vertiefungen sowie weitergehende Themen.
Mein persönlicher Bezug zur Thematik ist entscheidend mit den Erfahrungen verbunden, die ich in den Jahren 1981-83 am Department of Statistics der Addis Ababa University in Äthiopien machen durfte. Dort konnte ich 1995 auch eine Master-Thesis begutachten, die sich der Armutsmessung nach Sen (1976) widmete. Damit war mein vertieftes Interesse am Thema Armutsmessung endgültig ausgelöst. Die jetzt vorliegenden ***Methoden der Armutsmessung*** geben davon ein Zeugnis.

Kiel, im Herbst 2011 Gerhard Kockläuner

Inhaltsverzeichnis

Einleitung

Fragen der Armutsmessung spielen eine zentrale Rolle in der Sozialstatistik und damit in der Sozialpolitik. Die ***Methoden der Armutsmessung*** richten das Augenmerk vorrangig auf **statistische** Vorschläge zur Armutsmessung und deren **mathematische** Eigenschaften. Eindrucksvolle Grundlage ist hier der Beitrag des Nobelpreisträgers Amartya Sen (1976). Dieser geht von einer **eindimensionalen** einkommensbezogenen **Armutsmessung** aus (vgl. **Teil I**). Die armen Merkmalsträger werden dabei über die Erfassung von Einkommenslücken bezüglich einer festgesetzten Armutsgrenze in den Fokus gestellt. Ausgehend von bekannten geometrischen sowie ethischen Ansätzen, Einkommensungleichheit zu messen, spielt aber auch die Ungleichheit unter armen Merkmalsträgern eine Rolle. Mit vorgegebenen mathematischen Eigenschaften entstehen so die Sen-Maße zur Armutsmessung. Deren axiomatische Einordnung zeigt jedoch, dass sie bestimmte wünschenswerte mathematische Eigenschaften gerade nicht aufweisen. Dieses Ergebnis führt zu verschiedenen Modifikationen, speziell unter den Begriffen Zensierung und Rangunabhängigkeit.
So haben sich im Laufe der Zeit in Theorie und Empirie andere **Armutsmaße** durchgesetzt, insbesondere das von Foster et al. (1984). Diese genügen einem erweiterten Axiomensystem, sind selbst **axiomatisierbar**. Wie auch für die Sen-Maße, gibt es für solche Maße eine relative, aber auch eine absolute Fassung. Die jeweiligen Nachteile beider Fassungen lassen sich in sogenannten intermediären Ansätzen zur Armutsmessung vermeiden. Etliche dieser Ansätze genügen dann auch dem für Armutsmaße zu fordernden Axiom der Einheitskonsistenz. Die erhaltene Klasse von Armutsmaßen umfasst auch das Armutsmaß von Kockläuner (1998), welches den Ansatz von Foster et al. (1984) ethisch fundiert. Beide Ansätze spielen eine zentrale Rolle, wenn es gilt, Armutsmaße zu ordnen. Hier werden die Armutsgrenzenordnung und die **Armutsmaßordnung** unterschieden. Ordnungsäquivalenzen verbinden Armutsordnungen mit Nutzen- bzw. Wohlfahrtsordnungen, damit auch mit verallgemeinerten Lorenz-Ordnungen und stochastischer Dominanz.
Armut im Zeitablauf kann sich als chronische oder persistente Armut zeigen, wobei Armutserfahrungen eine Rolle spielen. Ansätze zur diesbezüglichen in der Regel additiven Armutsmessung erweitern den Diskussionsrahmen. Das gilt auch für den Fuzzy-Ansatz, der die eindeutige Zuordnung von Merkmalsträgern zur Gruppe der Armen oder Nichtarmen auflöst. Unter den Axiomen der Armutsmessung erfordern das Axiom der Replikationsinvarianz sowie die unterschiedlichen Transferaxiome besondere Diskussionen. In den Ergänzungen wird unter anderem auf weitere Armutsmaße eingegangen, darunter auch auf eines mit einer informationstheoretischen Begründung.

Nun ist Armut realistisch kein eindimensionales, sondern ein mehrdimensionales Konstrukt. So geht die **mehrdimensionale Armutsmessung** neben der Einkommensdimension in der Regel auch von einer Gesundheits- und einer Bildungsdimension aus (**Teil II**). In den genannten Dimensionen kann vorliegende Armut **quantitativ a)**, **qualitativ b)** bzw. über einen **Fuzzy-Ansatz c)** erfasst werden.
Auf der quantitativen Ebene geben relative Merkmalslücken in zumindest einer Dimension Auskunft über vorliegende Armut. Die Aggregation solcher Lücken erfolgt bevorzugt über den „row-first"-Ansatz, also die Bestimmung individueller multidimensionaler Armut. Die grundlegenden Axiome der eindimensionalen Armutsmessung sind dafür zu übertragen. Hinzu kommen aber spezielle multidimensionale Transferaxiome, die von multidimensionalen Erweiterungen der Ansätze von Foster et al. (1984) und Kockläuner (1998) erfüllt werden. Die betreffenden multidimensionalen Armutsmaße von Bourguignon und Chakravarty (1999) sowie von Kockläuner (2007) lassen sich auch axiomatisieren. Im Gegensatz zur eindimensionalen Armutsmessung gibt es statt Ordnungsäquivalenzen jetzt aber nur bestimmte Ordnungsbeziehungen.
Auf der qualitativen Ebenen bedarf die Feststellung von multidimensionaler Armut des Vorliegens von Armut in mehr als einer einzigen Dimension. Durch die Festlegung einer bestimmten Dimensionszahl ergibt sich die Möglichkeit, Merkmalsträger nach dem Grad vorliegender Entbehrungen zu schichten. Ein entsprechendes qualitatives Armutsmaß ist der neue Index für menschliche Armut MPI nach Alkire und Foster (2009) (vgl. auch UNDP (2010)). Für den alternativen Ansatz von Bossert et al. (2009) existiert eine Axiomatisierung.
Schichtungen erlaubt auch der ohne Armutsgrenzen auskommende Fuzzy-Ansatz. In seiner vollständig relativen Fassung werden Zugehörigkeitsgrade zur Gruppe armer Merkmalsträger datenabhängig bestimmt.

Teil I: Eindimensionale Armutsmessung

1: Datengrundlage

Die Datenbasis einer eindimensionalen Armutsmessung ist quantitativ. Sie besteht, wenn eine schwache Transfersensitivität wie in Abschnitt 15 betrachtet werden soll, aus $n \geq 3$ Beobachtungen y_i, $i = 1,...,n$ einer **reell**en Variable Y. In Anwendungen und für die nachfolgende Diskussion ist diese Variable in der Regel eine auf einen gewählten Zeitraum bezogene Einkommensvariable. Für Entwicklungsländer kann bei fehlenden Einkommensdaten aber auch der in Geldeinheiten bewertete Konsum herangezogen werden. Als Folge lassen sich ausschließlich **positiv**e Merkmalswerte unterstellen. Voraussetzung für die nachfolgenden Überlegungen soll daneben sein, dass die betreffenden Daten für vergleichbare Merkmalsträger, z.B. Haushalte mit einer identischen Mitgliedsstruktur oder auch erwerbstätige Einzelpersonen, vorliegen (vgl. aber Abschnitt 30). So können dann direkte Datenvergleiche erfolgen. Gemäß der jeweiligen Größe aufsteigend an**geordnet**, wird die Datenbasis danach vom (n,1)-Vektor

$$\mathbf{y} = (y_1,...,y_n)' \quad \text{mit} \quad 0 < y_1 \leq y_2 \leq ... \leq y_n \tag{1}$$

gebildet.

2: Armutsgrenze

Zur Armutsmessung selbst ist ein Vergleich der Datenbasis **y** aus (1) mit einer **positiv**en **reell**en Armutsgrenze, in der Literatur allgemein mit z bezeichnet, erforderlich. Diese Grenze sollte als **absolut**e Grenze betrachtet werden. Mit Sen (1983) „There is, I would argue, an irreducible absolutist core in the idea of poverty“ (vgl. Subramanian (2001, S.166)). So ist, was z.B. das Konsumniveau anbetrifft, ein zum Überleben notwendiges Mindestniveau anzusetzen. Nach Sen (1983) gilt aber auch „poverty is an absolute notion in the space of capabilities but very often it will take a relative form in the space of commodities“ (vgl. Subramanian (2001, S.168)). Dementsprechend wird manchmal auch eine Armutsgrenze relativ fixiert, z.B. bei 50% des Medianeinkommens der Grundgesamtheit, aus der die Datenbasis stammt. Dies hat aber den entscheidenden Nachteil, dass bei untersuchten Einkommen z.B. eine Verdopplung aller Einkommenswerte den Anteil der Armen unverändert lässt. Die Armutsgrenze sollte danach keine Funktion der Datenbasis sein. Jede Festlegung einer Armutsgrenze bleibt aber auf gewisse Weise subjektiv. Das zeigt auch die jeweilige Sozialgesetzgebung. Auf jeden Fall ist die Grenze z, wenn einmal festgelegt, als gesetzte **Konstante** und damit als zumindest für den betrachteten Zeitraum unveränderlich anzusehen.

3: Einkommenslücken
Liegt die Armutsgrenze z fest, kann ermittelt werden, welche Merkmalsträger von Armut betroffen sind. Grundlage dafür ist eine Betrachtung von **absoluten** Einkommenslücken. Diese ergeben sich aus der Datenbasis **y** in (1) und der Armutsgrenze z als Elemente eines (n,1)-Vektors

$$\mathbf{l}^* \quad \text{mit } l_i^* = \mathrm{Max}\{z - y_i, 0\}, \quad i = 1,...,n \quad \text{und} \quad l_1^* \geq l_2^* \geq ... \geq l_n^*. \quad (2)$$

Für Einkommen y_i, i = 1,...,n, die mindestens so groß wie die Armutsgrenze z ausfallen, wird danach eine Einkommenslücke von Null registriert. Die Einkommenslücken werden also **zensiert**. Der Vektor **l*** unterscheidet damit nicht zwischen Einkommen, die gleich bzw. größer als z sind. Werden alle diese Einkommen nun in der Datenbasis gleich z gesetzt, geht diese in die **zensierte Datenbasis** über. Deren Elemente lassen sich dann als Elemente eines (n,1)-Vektors

$$\mathbf{y}^* \quad \text{mit } y_i^* = \mathrm{Min}\{y_i, z\}, \quad i = 1,...,n \quad \text{und} \quad y_1^* \leq y_2^* \leq ... \leq y_n^* \quad (3)$$

schreiben. Mit der zensierten Datenbasis **y*** ergeben sich die zensierten Einkommenslücken dann als $l_i^* = z - y_i^*$, i = 1,...,n.

4: Schwache Definition von Armut
Als arm können offensichtlich nur diejenigen Merkmalsträger gelten, deren Einkommen höchstens so groß wie die Armutsgrenze ausfällt. Hier ist aber eine Unterscheidung angebracht: Gilt z.B. für ein Einkommen y_i, $i \in \{1,...,n\}$, dass $y_i < z$, dann ist der Merkmalsträger i nach der schwachen Definition von Armut als arm zu bezeichnen. Die schwache Definition erfordert also das Vorliegen zumindest einer **positiven** unzensierten **Einkommenslücke** $l_i = z - y_i$, $i \in \{1,...,n\}$. Bei der alternativen starken Definition von Armut werden auch diejenigen Merkmalsträger $i \in \{1,...,n\}$ als arm angesehen, für die $y_i = z$ gilt, deren Einkommen also mit der Armutsgrenze übereinstimmt. Zur Gegenüberstellung der schwachen und starken Definition von Armut vgl. Donaldson und Weymark (1986). Dort wird gezeigt, dass die starke Definition von Armut zu Konflikten zwischen als sinnvoll betrachteten Axiomen der Armutsmessung führt (vgl. Abschnitt 18). Daran anschließend und weil intuitiv Armut in der Regel auch mit positiven Einkommenslücken verbunden wird, soll hier die schwache Definition von Armut unterstellt werden. Die starke Definition von Armut wird dagegen z.B. von Subramanian (2009b) vertreten.

5: Inzidenz, Intensität und Ungleichheit (Inequality) von Armut

Jede Form der Armutsmessung muss gemäß Jenkins und Lambert (1997) die **drei großen I der Armutsmessung**, wie sie sich in der Überschrift zeigen, berücksichtigen. Mit Inzidenz ist das Vorliegen von Armut, d.h. hier einer positiven Einkommenslücke gemeint. Das Kriterium der Inzidenz liefert also z.B. die Anzahl der armen Merkmalsträger. Unter Intensität ist die jeweilige Größe der gegebenen Einkommenslücke, also das Ausmaß von Armut zu verstehen. Aus diesen Größen ergibt sich dann z.B. für die armen Merkmalsträger eine durchschnittliche Einkommenslücke. Schließlich ist auch, wenn vorhanden, die Ungleichheit unter den Einkommenslücken zu berücksichtigen. Hier bietet es sich an, für die Armutsmessung auf bekannte Ansätze der Ungleichheitsmessung wie z.B. den Gini-Koeffizienten (vgl. Gini (1912)) als Konzentrations- und damit Streuungsmaß oder auch das von Atkinson (1970) vorgeschlagene Ungleichheitsmaß zurückzugreifen. Der Gini-Koeffizient und das Atkinson-Maß werden in den Exkursen von Abschnitt 6 und Abschnitt 7 vorgestellt. Ein dazu alternatives Ungleichheitsmaß, das auf Kolm (1976) zurückgeht, findet sich in Abschnitt 20. Auf informationstheoretisch begründete Ungleichheitsmaße wird in Abschnitt 30 hingewiesen.

6: Exkurs A: Geometrische Messung von Ungleichheiten

Führt die Datenbasis **y** aus (1) auf q ($1 \leq q \leq n$) arme Merkmalsträger und damit in (2) auf q positive Einkommenslücken $l_j^* = l_j = z - y_j$, j = 1,...,q, dann können verschiedene Maße deren Ungleichheit erfassen. Traditionell spielt in der Armutsmessung dabei der Gini-Koeffizient eine herausragende Rolle. Mit $\bar{l} = z - \bar{y}_A$ als arithmetischem Mittel der q Einkommenslücken, d.h. mit $\bar{y}_A$ als arithmetischem Mittel der q Armeneinkommen, lässt sich der **Gini-Koeffizient** (vgl. Gini (1912)) der Einkommenslücken als

$$G_L = 1/(2q^2(z - \bar{y}_A)) \sum_{j=1}^{q} \sum_{k=1}^{q} \left| (z - y_j) - (z - y_k) \right| \qquad (4)$$

$$= 2/(q^2(z - \bar{y}_A)) \sum_{j=1}^{q} (q - j + 1)(z - y_j) - (1 + 1/q)$$

$$= 1 - 1/q \sum_{j=1}^{q} (S_j + S_{j-1})$$

schreiben. Zur ersten Schreibweise in (4) vgl. z.B. Sen (1976), zur zweiten neben Sen (1976) auch Anand (1983) und z.B. Bamberg et al. (2008, S.27). Zur dritten Schreibweise, die Lorenz-Kurve (vgl. Lorenz (1905)) betreffend, vgl. die nachfolgende Betrachtung. Nach der ersten Schreibweise in (4) bilden die Abweichungen zwischen einzelnen Einkommenslücken, die gleich-

zeitig Abweichungen zwischen einzelnen Einkommen sind, die Berechnungsgrundlage für den Gini-Koeffizienten. Nach der zweiten Schreibweise werden die Einkommenslücken mit Rängen, ihrer Größe gemäß, gewichtet, wobei die größte Einkommenslücke $l_1 = z - y_1$ den größten Rang q erhält. Der Gini-Koeffizient ist danach durch **Rangabhängigkeit** gekennzeichnet. Alle Schreibweisen verweisen auf eine **relative Ungleichheitsmessung**.
Offensichtlich gilt bei fehlender Ungleichheit, d.h. q identischen Einkommenslücken, $G_L = 0$. Als maximaler Wert ist für jeden Gini-Koeffizienten $G = 1 - 1/q$ bekannt (vgl. Bamberg et al. (2008, S.26)). In der betrachteten Anwendung kann sich dieser Wert aber nicht ergeben, da mit der schwachen Definition von Armut und auf Grund der Annahme positiver Einkommen der (q,1)-Einkommenslückenvektor $(z,0,...,0)'$ ausgeschlossen ist.
Der Gini-Koeffizient G_A der q Armeneinkommen berechnet sich mit Blick auf die erste Schreibweise aus (4) als $G_A = \bar{l} / \bar{y}_A G_L$, d.h. durch Multiplikation mit $\bar{l} / \bar{y}_A = (z - \bar{y}_A)/\bar{y}_A$.
Wie die dritte Schreibweise von (4) zeigt, stellt der Gini-Koeffizient ein **geometrisch**es Ungleichheitsmaß dar. Er misst das Zweifache des Flächeninhalts zwischen den Lorenz-Kurven für die beiden Fälle identischer sowie ungleicher Einkommenslücken. Die jeweilige **Lorenz-Kurve** geht dabei heute üblicherweise wie eine empirische Verteilungsfunktion von im Gegensatz zu (2) aufsteigend geordneten Einkommenslücken l_j, j = 1,...,q aus. Unabhängige Variable für die Lorenz-Kurve ist die empirische Verteilungsfunktion $\hat{F}_L$ dieser Einkommenslücken mit $\hat{F}_L(l_j)$ als relativer Häufigkeit für Einkommenslücken von höchstens l_j. Als abhängige Variable erfasst die Lorenz-Kurve bei $S_0 = 0$ an der Stelle $\hat{F}_L(l_j)$ den jeweiligen kumulierten Anteil $S_j(l_j) = \sum_{l=1}^{j} l_i /(q\bar{l})$, j = 1,...,q an der Summe aller dieser Einkommenslücken. Letztere Anteile werden linear verbunden, so dass die Lorenz-Kurve einen stückweise linearen konvexen Verlauf aufweist, im Fall identischer Einkommenslücken dabei gerade mit der Winkelhalbierenden zusammenfällt. Hinzuweisen ist aber darauf, dass Lorenz (1905) absteigend geordnete Merkmalswerte betrachtet, seine Lorenz-Kurve demnach bei vorhandener Ungleichheit stückweise konkav oberhalb der Winkelhalbierenden verläuft.

7: Exkurs B: Ethische Messung von Ungleichheiten

Im Gegensatz zum Gini-Koeffizienten enthält das Atkinson-Maß mit dem **positiven reellen Parameter ε** eine Kennzahl, die vorhandene **Aversion gegen Ungleichheit** erfasst. Bezogen auf die Armeneinkommen y_j, j = 1,...,q ergibt sich das **Atkinson-Maß** als

$$A_\varepsilon = 1 - \left(\frac{1}{q}\sum_{j=1}^{q} y_j^{\,1-\varepsilon}\right)^{1/(1-\varepsilon)} / \bar{y}_A, \quad \varepsilon > 0 \qquad (5)$$

(vgl. Atkinson (1970)). Im Falle von q identischen Armeneinkommen stimmen diese offenbar mit dem **arithmetischen Mittel** $\bar{y}_A$ überein, woraus sich sofort $A_\varepsilon = 0$ für alle ε ergibt.
Weitere Eigenschaften teilt das Atkinson-Maß mit einem von Foster (1984) eingeführten dazu dualen Ungleichheitsmaß. Bezogen auf die Einkommenslücken $l_j = z - y_j$, j = 1,...,q stellt sich dieses Maß als

$$B_\varepsilon = \left(\frac{1}{q}\sum_{j=1}^{q} (z - y_j)^{1+\varepsilon}\right)^{1/(1+\varepsilon)} / (z - \bar{y}_A) - 1, \quad \varepsilon > 0 \qquad (6)$$

dar. Sind alle q Einkommenslücken identisch, also gleich dem arithmetischen Mittel $\bar{l} = z - \bar{y}_A$, gilt offensichtlich $B_\varepsilon = 0$ für alle ε.
Die Ungleichheitsmaße aus (5) und (6) sind wesentlich durch den jeweiligen Zähler, ein **verallgemeinertes Mittel**, speziell ein (1 - ε)- bzw. ein (1 + ε)-Mittel bestimmt. Zu solchen Mitteln vgl. insbesondere Hardy et al. (1964). Danach verkleinert sich das (1 - ε)-Mittel in (5) bei ungleichen Armeneinkommen für steigendes ε. Für $\varepsilon \to \infty$ nähert es sich dem kleinsten dieser Einkommen, d.h. nach (1) gerade y_1 an. Das Maximum des Atkinson-Maßes liegt damit bei $A_\infty = 1 - y_1/\bar{y}_A$. Soll das Ausmaß von Ungleichheit verringert werden, ist, wie von Rawls (1993) gefordert, danach der bedürftigste Merkmalsträger, d.h. derjenige mit dem geringsten Einkommen, vorrangig zu fördern. Zu beachten ist in (5) der Spezialfall ε = 1, für den das (1 - ε)-Mittel zum **geometrischen Mittel** $\sqrt[q]{y_1 \cdots y_q}$ wird (vgl. dazu auch die nachfolgende Betrachtung).
Entsprechend vergrößert sich das (1 + ε)-Mittel im Zähler von (6) bei ungleichen Einkommenslücken für steigendes ε. Für $\varepsilon \to \infty$ nähert es sich der größten dieser Lücken, d.h. nach (2) gerade $l_1^* = l_1 = z - y_1$, an. Das Maximum des zu A_ε dualen Maßes liegt also bei $B_\infty = (z - y_1)/(z - \bar{y}_A) - 1$.
In diesen Ergebnissen begründet sich die Eigenschaft des Parameters ε, vorhandene Aversion gegen Ungleichheit auszudrücken. Dass diese Art von Aversion eng mit **Risikoaversion** verbunden ist, zeigt folgende Betrachtung: Grundlegend für die Maße aus (5) und (6) ist eine soziale Bewertungsfunktion f mit $f(x) = x^\alpha$ für x > 0 und $\alpha \neq 0$. Für α = 1 - ε zeigt diese Funktion einen konkaven, für α = 1 + ε entsprechend einen konvexen Verlauf. Die zugehörige, über die ersten beiden Ableitungen f′ und f′′ definierte Risiko-

aversion findet sich mit $-f''(x)/f'(x) = (1 - \alpha)/x$ als konstant proportional in Höhe von $1 - \alpha$. Wird für das Maß A_ε $x = y$ gesetzt, ergibt sich $1 - \alpha = \varepsilon$. Entsprechendes ergibt sich auch für das Maß B_ε, wenn alternativ $x = z - y$ gesetzt und die jeweilige Ableitung von f bezüglich y gebildet wird. Beide Ungleichheitsmaße zeigen also eine identische proportionale Risikoaversion. Zu beachten bleibt, dass für $\alpha = 0$ die Differenzialgleichung $-f''(x)/f'(x) = 1/x$ die Lösung $f(x) = \ln x$ besitzt. Die soziale Bewertungsfunktion f ist in diesem Fall die natürliche Logarithmusfunktion. Diese führt dann in (5) bei $x = e^{\ln x}$ auf das geometrische Mittel, gilt doch $\ln \sqrt[q]{y_1 \cdots y_q} = \frac{1}{q}\sum_{j=1}^{q} \ln y_j$.

Das Atkinson-Maß A_ε und sein Duales B_ε sind im Gegensatz zum Gini-Koeffizienten **ethische** Ungleichheitsmaße. Solche Maße enthalten nach Blackorby und Donaldson (1980) einen **gleich verteilten Äquivalenzwert**. Für das Maß A_ε bedeutet dies: Wird das $(1 - \varepsilon)$-Mittel aus (5) mit $y = \tilde{y}$ bezeichnet, ergibt sich $A_\varepsilon = 1 - \tilde{y}/\bar{y}_A$. Das Einkommen $\tilde{y}$ stellt dann einen solchen gleich verteilten Äquivalenzwert dar. Ist dieses Einkommen $\tilde{y}$ als Armeneinkommen in einem (q,1)-Vektor q-fach identisch vorhanden, dann erfährt ein solcher durch Gleichheit der Elemente gekennzeichneter Vektor im Ungleichheitsmaß A_ε die gleiche soziale Bewertung wie der Vektor der vorhandenen ungleichen Armeneinkommen. Hervorzuheben ist, dass bei vorhandener Ungleichheit $\tilde{y} < \bar{y}_A$ gilt, Ungleichheit das Mittel der Armeneinkommen also vermindert. Zu beachten ist dabei auch, dass unabhängig vom Parameter ε alle verallgemeinerten Mittel für identische Merkmalswerte ein dazu identisches Mittel, das arithmetische Mittel liefern.

Zu $\tilde{y}$ dual gibt es dann mit $l = \tilde{l}$ für das Ungleichheitsmaß B_ε in (6) mit $B_\varepsilon = \tilde{l}/(z - \bar{y}_A) - 1$ eine gleich verteilte äquivalente Einkommenslücke. Liegt $\tilde{l}$ als Einkommenslücke analog in einem (q,1)-Vektor q-fach identisch vor, dann findet sich für diesen Vektor sowie für den der vorhandenen ungleichen Einkommenslücken im Maß B_ε wiederum eine gleiche soziale Bewertung. Bei Ungleichheit gilt $\tilde{l} > z - \bar{y}_A$, so dass Ungleichheit das Mittel der Einkommenslücken vergrößert.

Kolm (1976) entwickelt mit Bezug auf Hardy et al. (1964) eine axiomatische Charakterisierung des Atkinson-Maßes A_ε, die auch den Grenzfall $\varepsilon = -1$ umfasst. Eine **Axiomatisierung** ausschließlich des geometrischen Mittels liefern Herrero et al. (2010). Diese Axiomatisierungen sind problemlos auf das duale Maß B_ε zu übertragen.

8: Fokus auf die Armen

Die Armutsmessung erfordert einen Fokus auf die Armen. Einkommen y_i von nicht armen Merkmalsträgern $i \in \{1,...,n\}$, für die bei $i > q$ und $q < n$ gemäß der schwachen Definition von Armut $y_i \geq z$ gilt, dürfen keine Rolle bei der Armutsmessung spielen.

Da jedes **Armutsmaß** als Abbildung P des Paares $(\mathbf{y},z)$, bestehend aus einem Element $\mathbf{y}$ aus der Menge möglicher Datenbasen und einem Element z aus der Menge möglicher Armutsgrenzen, in die nicht negativen reellen Zahlen betrachtet werden kann, ist also zu fordern:

> **Axiom F**: $P(\mathbf{x},z) = P(\mathbf{y},z)$, wenn in den Datenbasen $\mathbf{x}$ und $\mathbf{y}$ die Merkmalsträger $i \in \{1,...,n\}$ mit positiven Einkommenslücken identisch sind und $y_i = x_i$ für diese i gilt.

Das **Fokusaxiom** F sichert allgemein, dass Einkommensverschiebungen unter den Nichtarmen keinen Einfluss auf das Ausmaß von Armut haben. Voraussetzung bleibt dabei, dass eine Einkommensverminderung bei einem nicht armen Merkmalsträger diesen nicht zu einem armen Merkmalsträger werden lässt.

9: Relative versus absolute Armut

Die Messung relativer Armut beruht auf der Untersuchung **relativ**er **Einkommenslücke**n $p_j = l_j/z = (z - y_j)/z$, $j = 1,...,q$. Dagegen bilden **absolut**e Einkommenslücken $l_j = z - y_j$, $j = 1,...,q$ die Grundlage für die Betrachtung absoluter Armut.

Relative Einkommenslücken sind skaleninvariant. Für eine positive reelle Konstante λ gilt danach: $p_j = (\lambda z - \lambda y_j)/(\lambda z) = (z - y_j)/z$ für $j = 1,...,q$.

Werden relative Einkommenslücken in ein Armutsmaß P einbezogen, muss zusammen mit dem Fokusaxiom F also das **Axiom der Skaleninvarianz** SI gelten:

> **Axiom SI**: $P(\lambda\mathbf{y},\lambda z) = P(\mathbf{y},z)$ für $\lambda > 0$.

Das Axiom der Skaleninvarianz SI erfordert demnach , dass das Armutsmaß P unverändert bleibt, wenn sowohl die Datenbasis $\mathbf{y}$ aus (1) als auch die Armutsgrenze z mit derselben positiven Konstante λ multipliziert werden. Eine solche Annahme erscheint z.B. für den Fall angebracht, dass Einkommenslücken von einer Währung in eine andere umzurechnen sind. Für ein Armutsmaß P, das dem Axiom SI genügt, soll $P(\mathbf{y},z) \in [0,1]$ gelten. Skaleninvariante Armutsmaße werden auch **relative Armutsmaße** genannt. Sie werden von Kolm (1976) als „rechte“ Armutsmaße bezeichnet. Denn für $\lambda > 1$

vergrößern sich – analog zu dem Ergebnis prozentualer Gehaltserhöhungen – die absoluten Einkommenslücken.
Absolute Einkommenslücken sind translationsinvariant. Für eine reelle Konstante $\delta > \text{Max}\{-y_1, -z\}$ gilt danach: $l_j = (\delta + z) - (\delta + y_j) = z - y_j$, $j = 1,...,q$. Die beschränkte Wahl der Konstante garantiert dabei, dass auch nach der Translation ausschließlich positive Einkommen sowie eine positive Armutsgrenze vorliegen. Bezieht ein Armutsmaß P absolute Einkommenslücken ein, muss bei $\boldsymbol{\iota}$ als (n,1)-Einsvektor zusammen mit dem Fokusaxiom F also das **Axiom der Translationsinvarianz** TI gelten:

Axiom TI: $P(\delta\boldsymbol{\iota} + \mathbf{y}, \delta + z) = P(\mathbf{y}, z)$ für $\delta > \text{Max}\{-y_1, -z\}$.

Das Axiom der Translationsinvarianz TI erfordert demnach, dass das Armutsmaß P unverändert bleibt, wenn Datenbasis und Armutsgrenze um dieselbe additive Konstante δ verändert werden. Armutsmaße, die das Axiom TI erfüllen, werden **absolute Armutsmaße** genannt. Für Kolm (1976) sind solche Armutsmaße „linke" Armutsmaße. Denn für $\delta > 0$ verkleinern sich – analog zu dem Ergebnis einer pauschalen Gehaltserhöhung – die relativen Einkommenslücken.
Natürlich ist es auch möglich, statt der als alternativ zu betrachtenden Skalen- oder Translationsinvarianz für Armutsmaße eine dazwischen liegende, d.h. intermediäre Bedingung zu fordern. Das zugehörige **Axiom intermediärer Varianz** IV fordert:

Axiom IV: $P(\lambda\mathbf{y}, \lambda z) > P(\mathbf{y}, z)$ für $\lambda > 1$ und $P(\delta\boldsymbol{\iota} + \mathbf{y}, \delta + z) < P(\mathbf{y}, z)$ für $\delta > 0$.

Liegt Armut vor, verlangt das Axiom IV bei der erwähnten proportionalen Gehaltserhöhung eine Vergrößerung des Armutsmaßes $P(\mathbf{y}, z)$, bei der erwähnten pauschalen Gehaltserhöhung eine Verkleinerung. Die vom Axiom IV ausgehende intermediäre Armutsmessung wird in Abschnitt 21 vorgestellt.
In enger Verbindung zum Axiom IV steht das in Abschnitt 22 behandelte **Axiom der Einheitskonsistenz** EK. Dieses verlangt:

Axiom EK: Aus $P(\mathbf{x}, z) < P(\mathbf{y}, z')$ für zwei Armutsgrenzen z bzw. z′ folgt $P(\lambda\mathbf{x}, \lambda z) < P(\lambda\mathbf{y}, \lambda z')$ für $\lambda > 0$.

Gemäß Axiom EK soll der Größenvergleich zweier Armutsmessungen von Umrechnungen in andere Maßeinheiten unbeeinflusst bleiben.

10: Armutsmessung nach Amartya Sen

Soll die Population der die Datenbasis liefernden Merkmalsträger durch ein inhaltlich fundiertes Armutsmass gekennzeichnet werden, sind dafür die drei großen I der Armutsmessung auf geeignete Weise zu verknüpfen (vgl. Abschnitt 5). Sen (1976) (vgl. auch Sen (1981)) erfasst in seinem für die **quantitative relativ**e Armutsmessung grundlegenden Aufsatz die **Inzidenz** von Armut durch den Anteil der Armen in der Datenbasis **y** aus (1), also durch

$$H = q/n \quad \text{mit} \quad 0 \le q \le n, \tag{7}$$

das sogenannte **head count ratio**. Das Armutsmaß P(**y**,z) = H erfüllt als einziges die Axiome SI und TI, ist aber offensichtlich nicht sensitiv gegenüber der jeweiligen Intensität und Ungleichheit vorhandener Armut. Die **Intensität** von Armut wird bei Sen (1976) über das arithmetische Mittel der relativen Einkommenslücken, also durch

$$I = \bar{p} = \bar{l}/z = (z - \bar{y}_A)/z = 1 - \bar{y}_A/z, \tag{8}$$

das sogenannte **income gap ratio**, gemessen. Das Armutsmaß P(**y**,z) = I genügt offensichtlich dem Axiom SI, ist aber nicht sensitiv gegenüber Ungleichheit. Also ist noch ein **Ungleichheit**smaß zu berücksichtigen. Dieses ist bei Sen (1976) der **Gini-Koeffizient** G_A der Armeneinkommen (vgl. Abschnitt 6). Dabei ist zu beachten, dass Gini-Koeffizienten das Ausmaß relativer Konzentration erfassen, was bedeutet, dass bei vorhandener Ungleichheit ein „größerer" Anteil der Summe aller Merkmalswerte auf einen „kleineren" Anteil der Anzahl aller Merkmalsträger entfällt. Nach (4) genügt auch das Maß $G_A = \bar{l} / \bar{y}_A G_L$ – als „Armutsmaß" aufgefasst – dem Axiom SI.

Aus den genannten Bestandteilen setzt sich das **Armutsmaß von Sen** (1976) dann wie folgt zusammen:

$$\begin{aligned} P^S(\mathbf{y},z) &= H[I + (1 - I)G_A q/(q+1)] \\ &= 2/((q+1)nz)\sum_{j=1}^{q}(q - j + 1)(z - y_j)\,. \end{aligned} \tag{9}$$

Das Maß $P^S(\mathbf{y},z)$ erfasst **relative Armut**. Es stellt sich parallel zur zweiten Schreibweise von (4) in der zweiten Schreibweise von (9) als gewichtetes Mittel relativer Einkommenslücken mit Rängen dieser Lücken als Gewichten dar, wobei die größte Einkommenslücke den größten Rang zugewiesen bekommt. Auf dieser **Rangabhängigkeit** fußend wird es im Titel des Beitrages von Sen (1976) als **ordinal**er **Ansatz** zur Armutsmessung eingestuft. Wie Sen (1976, 1981) zeigt, ist das Maß $P^S(\mathbf{y},z)$ aus (9) das einzige Armutsmaß,

das als gewichtetes Mittel von (relativen) Einkommenslücken einerseits die genannten Ränge als Gewichte aufweist und das andererseits den Wert $P^S(\mathbf{y},z) = HI$ annimmt, wenn alle Einkommenslücken identisch sind.
Die asymptotische Version von (9) unterscheidet nicht zwischen q und q+1 und ermöglicht damit die Schreibweisen

$$P^{S'}(\mathbf{y},z) = H[1 - \bar{y}_A(1 - G_A)/z] \tag{10}$$
$$= H\bar{l}\,(1 + G_L)/z = H(z - \bar{y}_A)(1 + G_L)/z.$$

Hier ist insbesondere auf die erste Schreibweise von (4) und die Beziehung zwischen den Gini-Koeffizienten G_A und G_L zu verweisen. Hervorzuheben sind in den Darstellungen aus (10) das repräsentative Armeneinkommen $\tilde{y} = \bar{y}_A(1 - G_A)$ bzw. die repräsentative Einkommenslücke $\tilde{l} = \bar{l}\,(1 + G_L)$. Als gleich verteilte **Äquivalenzwerte** (vgl. Abschnitt 7) machen diese Werte den Armutsindex $P^{S'}(\mathbf{y},z)$ zu einem **ethischen** Index. Liegt also z.B. das Einkommen $\tilde{y}$ in einem (q,1)-Vektor q-fach identisch vor, dann wird ein solcher Vektor in (10) genau so bewertet wie der Vektor der vorhandenen ungleichen Armeneinkommen. Hervorzuheben ist, dass vorhandene Ungleichheit unter den Armen mit $G_A > 0$ auf $\tilde{y} < \bar{y}_A$ führt, sich das repräsentative Einkommen also gegenüber dem arithmetischen Mittel verkleinert. Entsprechend vergrößert sich mit $\tilde{l} > \bar{l} = z - \bar{y}_A$ bei $G_L > 0$, d.h. bei vorhandener Ungleichheit die repräsentative Einkommenslücke, wiederum gegenüber dem entsprechenden arithmetischen Mittel. Zu repräsentativen Einkommen bzw. Einkommenslücken in der Armutsmesssung vgl. Kockläuner (1998).
Mit Bezug auf einen Gini-Koeffizienten als Ungleichheitsmaß sind die Armutsmaße aus (9) und (10) auch **geometrische** Indizes (vgl. Abschnitt 6). So kann nach Sen (1976) ein zum Maß $P^{S'}(\mathbf{y},z)$ korrespondierendes Ungleichheitsmaß dadurch eingeführt werden, dass in (10) q = n angenommen und $z = \bar{y}$, dem arithmetischen Mittel der Datenbasis **y** aus (1), gesetzt wird. Mit $\bar{y} = \bar{y}_A$ ist dieses Ungleichheitsmaß nach (7) und der ersten Schreibweise von (10) dann identisch mit dem Gini-Koeffizienten $G = G_A$, wobei G den Gini-Koeffizienten der Datenbasis (1) bezeichnet. Zur auf die Lorenz-Kurve bezogenen grafischen Darstellung von G und $P^S(\mathbf{y},z)$ vgl. Sen (1976, S.226).

11: Axiomatische Einordnung der Sen-Maße

Während Sen (1976) von der starken Definition von Armut ausgeht, sollen die von ihm entwickelten Armutsmaße $P^S(\mathbf{y},z)$ aus (9) und $P^{S'}(\mathbf{y},z)$ aus (10) hier gemäß der schwachen Definition von Armut eingeordnet werden. Nach obiger Darstellung genügen beide Maße dem **Axiom F** und dem **Axiom SI**, legen also einen Fokus auf die Armen und sind skaleninvariant. Bei fehlender

Armut liefern beide Maße zudem den Wert Null, sind demnach normiert, d.h. es gilt:

Axiom N: P(**y**,z) = 0, wenn es keine positiven Einkommenslücken gibt.

Offensichtlich erfüllen auch die Bestandteile aus (9) und (10), nämlich die Maße H, I und G_A bzw. G_L das **Normierungsaxiom** N. Wegen des Axioms SI muss für die Sen-Maße zudem bei wie in Abschnitt 1 vorausgesetzten positiven Einkommen $P^S(\mathbf{y},z) < 1$ und $P^{S'}(\mathbf{y},z) < 1$ gelten.
Während das Axiom N keine besondere Begründung verlangt, erscheint die bei Sen (1976) zusätzlich geforderte und in (9) und (10) erfüllte Normierung P(**y**,z) = HI (vgl. zu H (7), zu I (8)), wenn alle (positiven) Einkommenslücken übereinstimmen, eher willkürlich. Diese Normierung soll daher hier auch nicht zu einem Axiom erhoben werden.
Bei den bisher betrachteten Axiomen erfordert die Skaleninvarianz SI eine diesbezügliche Entscheidung. Das Fokusaxiom F gehört dagegen zur Liste der von Zheng (1997, S.140) aufgeführten „′core′ axioms.“ Die Sen-Maße erfüllen weitere dieser Kernaxiome. Da ist einmal die Anonymität, auch Symmetrie genannt. Das **Anonymitätsaxiom** A verlangt, dass gilt:

Axiom A: P(**y**,z) ist unabhängig davon, welche q ($1 \leq q \leq n$) Merkmalsträger positive Einkommenslücken aufweisen.

Daneben sind beide Sen-Maße von der Armutsgrenze z wie folgt abhängig: Ihre Werte steigen bei vorhandener Armut an, wenn die Armutsgrenze ansteigt. D.h. es gilt jeweils:

Axiom AAG: $P(\mathbf{y},z) > P(\mathbf{y},z')$, wenn $z > z'$.

Das **Axiom der ansteigenden Armutsgrenze** AAG (increasing poverty line) erscheint als Kernaxiom ebenso naheliegend wie das nachfolgende **Axiom der Replikationsinvarianz** RI. Dieses verlangt einen Vergleich der Datenbasis aus (1), d.h. des (n,1)-Vektors **y**, mit dem k-fachen ($k > 1$) dieser Basis, d.h. dem (kn,1)-Vektor $(\mathbf{y}',...,\mathbf{y}')'$ und sagt aus:

Axiom RI: $P((\mathbf{y}',...,\mathbf{y}')',z) = P(\mathbf{y},z)$.

Dem Axiom RI zufolge muss bei einer Replikation der Datenbasis das Ausmaß vorhandener Armut unverändert bleiben. Offensichtlich ist von den Sen-Maßen nur das Maß $P^{S'}(\mathbf{y},z)$ replikationsinvariant. Beim Maß $P^S(\mathbf{y},z)$ verhindert der Faktor $q/(q + 1)$ diese Eigenschaft.

Die anderen Axiome aus der genannten Liste werden von den Sen-Maßen nicht oder nur mit Einschränkung erfüllt. So genügen die Sen-Maße nicht den Kernaxiomen der Stetigkeit, des regressiven Transfers, der schwachen Transfersensitivität sowie der Untergruppenkonsistenz.
Speziell sind die beiden Sen-Maße an der Stelle $y_i = z$, d.h. an der Armutsgrenze, bezüglich des Einkommens y_i, $i = 1,...,n$ nicht stetig. Erreicht das Einkommen y_i, von einem kleineren Wert als z ausgehend, die Armutsgrenze z, verändert sich bei der schwachen Definition von Armut die Anzahl der Armeneinkommen. Als Folge weisen die Sen-Maße an der Stelle z einen Sprung auf. Die Sen-Maße erfüllen somit lediglich das **Axiom beschränkter Stetigkeit** BS. Es wird in diesem Axiom nur verlangt, dass gilt:

Axiom BS: $P(\mathbf{y},z)$ ist für festes z stetig bezüglich $y_i \in (0,z)$, $i = 1,...,n$.

Stetigkeit ist für die Sen-Maße damit nur bezüglich Einkommen gegeben, die kleiner als die Armutsgrenze bleiben.
Analog zur Stetigkeit genügen die Sen-Maße auch nicht den geforderten Transferaxiomen. So verlangt ein **regressiver Transfer**, dass ein armer Merkmalsträger $k \in \{1,...,n\}$ einen Einkommensbetrag $\delta > 0$ mit $\delta < y_k$ an einen anderen Merkmalsträger $i \in \{1,...,n\}$ mit dem anfänglichen Einkommen $y_i > y_k$ abgibt. Durch diese Abgabe, so verlangt es das Axiom regressiver Transfers, soll sich bei sonst unveränderter Datenbasis das erfasste Ausmaß an Armut vergrößern. Nun kann der Einkommensempfänger i aber bei $y_i < z$ anfänglich auch zu den armen Merkmalsträgern gehören, d.h. es muss dann $q \geq 2$ gelten; durch den erhaltenen Betrag kann dieser zudem ein Einkommen $y_i + \delta \geq z$ erreichen, damit nicht länger arm sein. Dem durch die Abgabe verlangten Anstieg des Armutsmaßes steht so mit der dann kleineren Anzahl von Armeneinkommen, d.h. einem kleineren Faktor H, im jeweiligen Armutsmaß ein gegenteiliger Effekt gegenüber. Dieser gegenteilige Effekt kann bei den Sen-Maßen überwiegen.
Dies zeigt das folgende Beispiel mit der Datenbasis $\mathbf{y} = (5, 5, 10, 15, 26)'$, d.h. $n = 5$ (vgl. Kockläuner (1998)). Bei der Armutsgrenze $z = 30$ gilt auch $q = 5$, d.h. alle Merkmalsträger sind arm. Gibt nun der Merkmalsträger 1 den Einkommensbetrag $\delta = 4$ an den Merkmalsträger 5 ab, entsteht die neue Datenbasis $\mathbf{x} = (1, 5, 10, 15, 30)'$. Bei der gewählten schwachen Definition von Armut ist der Merkmalsträger 5 in der Datenbasis **x** nicht mehr arm; es gilt also jetzt $q = 4$. Die Berechnung des Sen-Maßes (9) liefert $P^S(\mathbf{y},z) = 0{,}709 > P^S(\mathbf{x},z) = 0{,}656$. Der erfolgte regressive Transfer bringt also ein Verkleinerung des Wertes von $P^S(\mathbf{y},z)$ mit sich, obwohl der ärmste Merkmalsträger gemäß eines solchen Transfers noch ärmer geworden ist. Demzufolge erfüllen die Sen-Maße nicht das entsprechende Axiom regressiver Transfers.

Beide Maße sind aber, wenn kein anderer Merkmalsträger den abgegebenen Einkommensbetrag erhält, sich das Einkommen eines armen Merkmalsträgers also lediglich vermindert, monoton hinsichtlich dieses Einkommens. Die Sen-Maße erfüllen damit das **Axiom schwacher Monotonie**, wonach sich der Wert eines Armutsmaßes vergrößern muss, wenn sich ein Armeneinkommen um den Betrag $\delta > 0$ vermindert. Umgekehrt muss der Wert eines Armutsmaßes dann aber auch sinken, wenn ein Armeneinkommen bis an die Armutsgrenze steigt. Die Sen-Maße genügen insbesondere dem **Axiom starker Monotonie** SM, aus dem das Axiom schwacher Monotonie folgt. Dieses Axiom verlangt:

Axiom SM: $P(\mathbf{x},z) < P(\mathbf{y},z)$, wenn für gegebenes z die Datenbasis **x** aus der Datenbasis **y** dadurch hervorgeht, dass für ein $i \in \{1,...,n\}$ mit $y_i < z$ gilt: $x_i = y_i + \delta$ bei $\delta > 0$.

Gemäß Axiom SM soll das Ausmaß an Armut sinken, wenn ein Armeneinkommen steigt. Bei seinem Anstieg darf das betreffende Einkommen aber auch die Armutsgrenze überschreiten. Liegt im Gegensatz zu den Sen-Maßen Stetigkeit auch an der Armutsgrenze vor, führt diese mit dem Axiom schwacher Monotonie auf das Axiom SM.
Beide Sen-Maße erfüllen auch das **Axiom minimaler Transfers**, welches für die dargestellte Abgabe verlangt, dass der Einkommensempfänger eines regressiven Transfers vor und nach dem Empfang zu den armen Merkmalsträgern gehört. Als Folge solcher minimaler Transfers soll sich der Wert des betreffenden Armutsmaßes vergrößern. Dies ist für die Sen-Maße der Fall. Denn bei einem minimalen Transfer bleiben die Bestandteile H und I der Sen-Maße unverändert, während der Wert der Gini-Koeffizienten G_L bzw. G_A und damit auch der Wert des jeweiligen Sen-Maßes ansteigt. Dazu ist einmal auf die dritte Schreibweise in (4), zum anderen auch auf Anand (1983), der Bezug auf die zweite Schreibweise in (4) nimmt, zu verweisen. Entsprechend genügen die Sen-Maße dann auch dem **Axiom schwacher Transfers** SchT, aus dem das Axiom minimaler Transfers folgt. Danach gilt:

Axiom SchT: $P(\mathbf{x},z) > P(\mathbf{y},z)$, wenn die Datenbasis **x** über einen regressiven Transfer aus der Datenbasis **y** hervorgeht, bei dem keiner der beteiligten Merkmalsträger die Armutsgrenze überschreitet.

Das Axiom SchT verlangt als Folge von regressiven Transfers einen Anstieg des Ausmaßes vorliegender Armut. Dabei ist analog zum Axiom regressiver Transfers auch die Abgabe des Einkommensbetrages $\delta > 0$ von einem armen an einen nicht armen Merkmalsträger zugelassen. Damit ergibt sich eine

Äquivalenz zwischen dem Axiom schwacher Transfers SchT einerseits sowie dem Axiom minimaler Transfers und dem Axiom schwacher Monotonie andererseits (vgl. auch Zheng (1997, S.132)). Die genannten Charakterisierungen ergeben, dass aus dem Axiom regressiver Transfers das Axiom schwacher Transfers SchT folgt.
Wie die erste Schreibweise in (4) mit den dort hervorgehobenen Beträgen zeigt, vergrößern minimale Transfers in der Höhe δ die Gini-Koeffizienten G_L bzw. G_A immer in einem jeweils gleichen Ausmaß, unabhängig davon, wie groß bei jetzt $q \geq 3$ das Armeneinkommen y_k als Ausgangseinkommen des Transfergebers $k \in \{1,...,n\}$ ist. Die Gini-Koeffizienten und damit auch die Sen-Maße erweisen sich also als nicht sensitiv gegenüber dem Ausgangseinkommen y_k, $k \in \{1,...,n\}$. Sie erfüllen damit nicht das Axiom schwacher Transfersensitivität (vgl. Abschnitt 15).
Schließlich erweist sich ein Gini-Koeffizient als nicht zerlegbar in dem Sinne, dass er sich als gewichtetes Mittel von Gini-Koeffizienten für Teilgruppen armer Merkmalsträger schreiben ließe. Damit können auch die Sen-Maße keine ansteigenden Transformationen solcher Zerlegungen sein. Die Sen-Maße sind damit nicht konsistent hinsichtlich möglicher Teil- bzw. Untergruppen, erfüllen somit nicht das entsprechende Axiom der Untergruppenkonsistenz (vgl. Abschnitt 17). Eine solche Konsistenz verlangt, dass das vorliegende Ausmaß an Armut sinkt, wenn das Ausmaß an Armut in lediglich einer von mehreren aus den Merkmalsträgern gebildeten Teilgruppen sinkt.

12: Zensierung

Sollen weitere der genannten Kernaxiome erfüllt werden, sind die vorgestellten Sen-Maße geeignet zu modifizieren. Ein wichtiger Ansatz besteht dann in dem Vorschlag, statt der bisher genutzten q Armeneinkommen bzw. Einkommenslücken der q Armen die zensierte Datenbasis $\mathbf{y}^*$ aus (3) bzw. die zensierten Einkommenslücken $l_i^* = z - y_i^*$, $i = 1,...,n$ aus (2) (vgl. Abschnitt 3) zur Grundlage der Armutsmessung zu machen. Da diese Einkommenslücken für nicht arme Merkmalsträger bei Null liegen, erscheint ein solcher Ansatz naheliegend. Obwohl damit dann alle n Merkmalsträger in die Armutsdiskussion einbezogen werden, bleibt der Fokus auf die Armen bestehen.
So modifiziert Shorrocks (1995) das Sen-Maß $P^{S'}(\mathbf{y},z)$ aus (10), indem dort statt des Gini-Koeffizienten G_L der Einkommenslücken der q Armen der Gini-Koeffizient G_{L^*} der n zensierten Einkommenslücken l_i^*, $i = 1,...,n$ eingesetzt wird. Dabei ist die Gleichung $G_{L^*} = 1 - H + HG_L$ (vgl. Kockläuner (1988, S.4)) mit dem Anteil der Armen $H = q/n$ gemäß (7) zu beachten. Da zudem das arithmetische Mittel der zensierten Einkommenslücken bei $\bar{l}^* =$

$H\bar{l} = H(z - \bar{y}_A)$ liegt, wird (10) mit der genannten Modifikation zum **Armutsmaß von Shorrocks** (1995), d.h. zu

$$P^{Sh}(\mathbf{y},z) = \bar{l}*(1 + G_{L*})/z = I + (1 - I)G_A \tag{11}$$
$$= 2/(n^2 z)\sum_{j=1}^{q}(2n - 2j + 1)(z - y_j).$$

Die erste Schreibweise in (11) zeigt mit $\tilde{l}* = \bar{l}*(1 + G_{L*})$ wiederum eine repräsentative Einkommenslücke, weist das Armutsmaß $P^{Sh}(\mathbf{y},z)$ damit als **ethisch**es Armutsmaß aus. Liegt also $\tilde{l}*$ als gleich verteilter **Äquivalenzwert** in einem (n,1)-Vektor n-fach identisch vor, dann erfährt dieser Vektor in (11) eine zum Vektor gegebener ungleicher zensierter Einkommenslücken identische Bewertung. Bei ungleichen zensierten Einkommenslücken, d.h. bei $G_{L*} > 0$ gilt $\tilde{l}* > \bar{l}*$.

Die zweite Schreibweise in (11) verweist auf eine gegenüber Sen (1976) veränderte Normierung. So verlangt Shorrocks (1995) von einem Armutsmaß $P(\mathbf{y},z)$, dass $P(\mathbf{y},z) = I$ (vgl. (8)), wenn $H = 1$ und $G_A = 0$ (vgl. die erste Schreibweise von (9) bzw. (10)). Im Gegensatz zu Sen (1976) setzt Shorrocks (1995) also für die Normierung voraus, dass alle Merkmalsträger arm sind.

Der **geometrisch**e Aspekt von $P^{Sh}(\mathbf{y},z)$ wird durch alle in (11) aufgeführten Schreibweisen, nicht nur die mit einem Gini-Koeffizienten, verdeutlicht. Das Maß $P^{Sh}(\mathbf{y},z)$ erfasst, wie Shorrocks (1995) zeigt, nämlich das Doppelte des Flächeninhalts zwischen der sogenannten TIP-Kurve, von Shorrocks (1995) poverty gap profile genannt, und einer waagerechten Achse, auf der wie bei der Lorenz-Kurve im Intervall [0,1] kumulierte Anteile an der Gesamtzahl n aller Merkmalsträger der Datenbasis abgetragen sind. Der von Jenkins und Lambert (1997) geprägte Name **TIP-Kurve** steht für die „three I´s of poverty" (vgl. Abschnitt 5). Funktionswerte dieser Kurve sind, bei $T_0 = 0$ beginnend, kumulierte und durch n dividierte zensierte relative Einkommenslücken $T_i(l_i*) = \sum_{l=1}^{i} l_i^* /(nz)$, i = 1,...,n. Dabei wird die Sortierung der zensierten absoluten Einkommenslücken l_i*, i = 1,...,n gemäß (2), d.h. mit der größten solcher Lücken beginnend, übernommen. Die genannten Funktionswerte werden wie bei einer Lorenz-Kurve (vgl. die alternative eine Lorenz-Kurve einbeziehende Definition der TIP-Kurve von Shorrocks (1995)) linear verbunden, so dass bei ungleichen Einkommenslücken ein stückweise linearer konkaver Verlauf entsteht. Sind alle Einkommenslücken identisch, verbindet die TIP-Kurve den Nullpunkt direkt mit dem Punkt (H,HI), verläuft also unterhalb der TIP-Kurve bei ungleichen Einkommenslücken. Für Werte größer als H < 1 bleibt der Funktionswert der TIP-Kurve bei HI. Die TIP-Kurven-Darstellung verdeutlicht die **Inzidenz** von Armut auf der waagerechten Achse über das Maß H, die **Intensität** von Armut durch den Funktionswert HI sowie die **Ungleichheit** von Einkommenslücken durch die Krümmung des dann konkaven Verlaufs.

13: Folgen der Zensierung

Eine Zensierung wirkt sich direkt auf die Eigenschaften der betreffenden Armutsmaße aus. So erfüllt das Armutsmaß $P^{Sh}(\mathbf{y},z)$ von Shorrocks (1995) nicht nur die vom Sen-Maß $P^{S'}(\mathbf{y},z)$ in (10) erfüllten Axiome Fokus F, Skaleninvarianz SI, Normierung N, Anonymität A, ansteigende Armutsgrenze AAG, Replikationsinvarianz RI und starke Monotonie SM. Es ist zusätzlich stetig, genügt daneben auch dem Axiom regressiver Transfers, woraus dann auch das Axiom starker Transfers ST folgt.

Dabei verlangt das **Stetigkeitsaxiom** S im Gegensatz zur beschränkten Stetigkeit (vgl. das Axiom BS in Abschnitt 11) insbesondere auch Stetigkeit an der Armutsgrenze. Es soll ohne Einschränkung gelten:

Axiom S: $P(\mathbf{y},z)$ ist für festes z stetig bezüglich $y_i \in (0,\infty)$, $i = 1,...,n$.

Da das Armutsmaß $P^{Sh}(\mathbf{y},z)$ auf zensierten Einkommen bzw. zensierten Einkommenslücken aufbaut, genügt es offensichtlich dem Axiom S.

Vorhandene Stetigkeit erlaubt die Erweiterung des Axioms schwacher Transfers SchT (vgl. Abschnitt 11) auf das **Axiom regressiver Transfers** (vgl. ebenfalls Abschnitt 11). Bei Zensierung kann der dort angeführte und an einem Beispiel belegte gegenteilige Effekt nicht mehr auftreten. Wird dieses Beispiel mit dem Übergang von der Datenbasis $\mathbf{y} = (5, 5, 10, 15, 26)'$ zur Datenbasis $\mathbf{x} = (1, 5, 10, 15, 30)'$ und der Armutsgrenze $z = 30$ erneut aufgenommen, ergibt sich für das Armutsmaß (11): $P^{Sh}(\mathbf{y},z) = 0{,}732 < P^{Sh}(\mathbf{x},z) = 0{,}775$, also die als Folge eines regressiven Transfers gewünschte Vergrößerung.

Das Axiom regressiver Transfers und das Stetigkeitsaxiom S führen zusammen auf das **Axiom progressiver Transfers**. Dieses Axiom, aus dem dann das Axiom regressiver Transfers folgt (vgl. die nachfolgende Betrachtung), wird auch **Axiom starker Transfers** ST genannt. Es fordert:

Axiom ST: $P(\mathbf{x},z) < P(\mathbf{y},z)$, wenn die Datenbasis **x** über einen progressiven Transfer aus der Datenbasis **y** hervorgeht, bei der für den empfangenden Merkmalsträger $i \in \{1,...,n\}$ gilt: $y_i < z$.

Gemäß Axiom ST soll das vorliegende Ausmaß von Armut bei einem progressiven Transfer, der einem armen Merkmalsträger zu Gute kommt, sinken.

Ein **progressiver Transfer** ist insofern das Gegenteil eines regressiven Transfers, als bei sonst unveränderter Datenbasis ein Merkmalsträger k $\in$ {1,...,n} mit einem Einkommen y_k einen Einkommensbetrag $\delta > 0$ an einen anderen notwendig armen Merkmalsträger i $\in$ {1,...,n} mit dem Einkommen $y_i < y_k$ abgibt. Nach der Abgabe soll zumindest $x_k > y_i$ sein, d.h. der Transfergeber soll nach der Abgabe ein größeres Einkommen aufweisen als das, was der Empfänger vor der Abgabe hatte. Häufig wird für einen progressiven Transfer aber auch weniger zugelassen, nämlich $x_k \geq x_i$ verlangt (vgl. z.B. Seidl (1988)). Danach muss das Einkommen des Transfergebers nach der Abgabe noch mindestens so groß sein wie das des Empfängers.
Wichtig beim Axiom starker Transfers ST ist, dass für $x_k > y_i$ auch Fälle zugelassen sind, bei denen beide am Transfer beteiligten Merkmalsträger im Zuge des Transfers die Armutsgrenze überqueren. Offensichtlich folgt danach aus dem Axiom starker Transfers ST das Axiom regressiver Transfers. Das obige Beispiel verdeutlicht die Auswirkung eines progressiven Transfers auf das Maß $P^{Sh}(\mathbf{y},z)$, wenn die Datenbasen **x** und **y** einfach ausgetauscht werden.
Damit genügt das Armutsmaß von Shorrocks (11) im Gegensatz zu den Sen-Maßen (9) und (10) weiteren Kernaxiomen, dem Stetigkeitsaxiom S und auch dem Kernaxiom regressiver Transfers, erfüllt damit sogar das Axiom ST. Da das Armutsmaß $P^{Sh}(\mathbf{y},z)$ aber von einem Gini-Koeffizienten abhängt, kann es parallel zu den Sen-Maßen (vgl. Abschnitt 11) bei der dadurch vorliegenden **Rangabhängigkeit** auch nicht die verbleibenden Kernaxiome, nämlich das Axiom schwacher Transfersensitivität (vgl. Abschnitt 15) sowie das Axiom der Untergruppenkonsistenz (vgl. Abschnitt 17) erfüllen.

14: Rangunabhängigkeit

Um zum Kernaxiom der Transfersensitivität zu gelangen, müssen die Sen-Maße aus Abschnitt 10 alternativ zum Shorrocks-Maß aus Abschnitt 12 modifiziert werden. Es darf die durch Gini-Koeffizienten verursachte Rangabhängigkeit nicht mehr geben. Eine einfache Möglichkeit, dies zu erreichen, besteht darin, in den Sen-Maßen (9) bzw. (10) den Gini-Koeffizienten durch ein alternatives Ungleichheitsmaß zu ersetzen.
Clark et al. (1981) wählen für das Sen-Maß $P^{S'}(\mathbf{y},z)$ die Möglichkeit, den Gini-Koeffizienten der Einkommenslücken G_L gemäß (4) (vgl. Abschnitt 6) mit dem zum Atkinson-Maß dualen Ungleichheitsmaß B_ε gemäß (6) (vgl. Abschnitt 7) auszutauschen. Es ergibt sich dadurch das erste **Armutsmaß von Clark et al.** (1981) wie folgt:

$$P^{C1}(\mathbf{y},z) = H\left(\frac{1}{q}\sum_{j=1}^{q}(z-y_j)^{1+\varepsilon}\right)^{1/(1+\varepsilon)}/z, \quad \varepsilon > 0. \tag{12}$$

Wird das (1 + ε)-Mittel im Zähler von (12) wie in Abschnitt (7) mit $\tilde{l}$ bezeichnet, zeigt sich das Maß $P^{C1}(\mathbf{y},z)$ sofort als **ethisch**es Armutsmaß. $\tilde{l}$ kennzeichnet als gleich verteilter **Äquivalenzwert** dann eine für die q armen Merkmalsträger repräsentative Einkommenslücke. Findet sich diese in einem (q,1)-Vektor q-fach identisch, dann erfährt dieser Vektor in (12) eine zum Vektor vorhandener ungleicher Einkommenslücken identische Bewertung.
Ungleiche Einkommenslücken verdeutlichen auch die Rolle des **positiv**en **reell**en **Parameter**s **ε** als **Parameter der Aversion gegen Armut**. Denn das Maß $P^{C1}(\mathbf{y},z)$ vergrößert sich für steigendes ε und erreicht im Grenzfall den maximalen Wert $P^{C1}(\mathbf{y},z) = Hl_1/z$ mit $l_1 = z - y_1 = l_1^* = z - y_1^*$ als maximaler (zensierter) absoluter Einkommenslücke (vgl. Abschnitt 3 und Abschnitt 7). Nach Abschnitt 7 ist die Aversion ε gegen Armut gleichzeitig die konstant proportionale Risikoaversion für die Bewertungsfunktion in (12).
Natürlich kann dual zum Maß $P^{C1}(\mathbf{y},z)$ ein weiteres **ethisch**es Armutsmaß mit analogen Eigenschaften gebildet werden. Dieses entsteht aus dem Sen-Maß $P^{S'}(\mathbf{y},z)$ in (10), indem dort für den Gini-Koeffizienten G_A das Atkinson-Maß A_ε für die Ungleichheit der Armeneinkommen aus (5) (vgl. Abschnitt 7) eingesetzt wird. Es ergibt sich das **Armutsmaß von Blackorby und Donaldson** (1980) in der folgenden Form:

$$P^{BD}(\mathbf{y},z) = H(1 - (\frac{1}{q}\sum_{j=1}^{q} y_j^{\,1-\varepsilon})^{1/(1-\varepsilon)}/z), \quad \varepsilon > 0. \tag{13}$$

In (13) findet sich mit dem (1 - ε)-Mittel $\tilde{y}$ analog zu Abschnitt (7) wieder ein repräsentatives Armeneinkommen als gleich verteilter **Äquivalenzwert**. Ein (q,1)-Vektor mit jeweils diesem Einkommen wird vom Maß $P^{BD}(\mathbf{y},z)$ dann identisch bewertet wie der Vektor vorhandener ungleicher Armeneinkommen. Der **Parameter ε** erfasst dabei wiederum das vorhandene **Ausmaß an Aversion gegen Armut**. Nach Abschnitt 7 gibt ε auch wieder die konstant proportionale Risikoaversion für die Bewertungsfunktion in (13) an. Für steigendes ε sinkt $\tilde{y}$ bei ungleichen Armeneinkommen. Damit steigt mit dem Parameter ε dann auch das Maß $P^{BD}(\mathbf{y},z)$ und erreicht im Grenzfall den maximalen Wert $P^{BD}(\mathbf{y},z) = H(1 - y_1/z)$ mit $y_1 = y_1^*$ als kleinstem Einkommen der Datenbasis (1) bzw. der zensierten Datenbasis (3). Dieser maximale Wert stimmt mit dem maximalen Wert von $P^{C1}(\mathbf{y},z)$ überein. Für ε = 1 ist in (13) wieder der Spezialfall eines geometrischen Mittels zu beachten (vgl. Abschnitt 7).

15: Folgen der Rangunabhängigkeit

Da aus einem Sen-Maß durch Modifikation gewonnen, genügen die Armutsmaße $P^{C1}(\mathbf{y},z)$ und $P^{BD}(\mathbf{y},z)$ den Axiomen, denen auch das Sen-Maß (10) genügt. Das sind die Axiome Fokus F, Skaleninvarianz SI, Normierung N, Anonymität A, ansteigende Armutsgrenze AAG, Replikationsinvarianz RI und starke Monotonie SM. Wie beim Maß $P^{S'}(\mathbf{y},z)$ – und im Gegensatz zum Maß $P^{Sh}(\mathbf{y},z)$ aus (11) – taucht auch in der Definition der Maße $P^{Cl}(\mathbf{y},z)$ und $P^{BD}(\mathbf{y},z)$ der Faktor H, das **head count ratio** (vgl. (7)) auf. Damit sind die Armutsmaße (12) und (13) wie die Sen-Maße nur beschränkt stetig (vgl. das Axiom BS in Abschnitt 11), erfüllen wie die Sen-Maße auch nur das Axiom schwacher Transfers SchT (vgl. Abschnitt 11).

Für das Beispiel aus Abschnitt 11 mit der Datenbasis $\mathbf{y} = (5, 5, 10, 15, 26)'$ und der daraus durch einen regressiven Transfer gewonnenen Datenbasis $\mathbf{x} = (1, 5, 10, 15, 30)'$ finden sich mit der Armutsgrenze $z = 30$ und bei jeweils $\varepsilon = 2$ die Ungleichungen $P^{Cl}(\mathbf{y},z) = 0{,}681 > P^{Cl}(\mathbf{x},z) = 0{,}625$ bzw. $P^{BD}(\mathbf{y},z) = 0{,}725 > P^{BD}(\mathbf{x},z) = 0{,}722$. Da der regressive Transfer angesichts der schwachen Definition von Armut zugleich die Anzahl q armer Merkmalsträger verringert, verringert sich das jeweils ausgewiesene Ausmaß von Armut. Die Maße (12) und (13) genügen damit wie die Sen-Maße nicht dem Axiom regressiver Transfers.

Im Gegensatz zu bisher betrachteten Armutsmaßen erfüllen das erste Armutsmaß von Clark et al. (1981) und das Armutsmaß von Blackorby und Donalson (1980) aber in wesentlichen Fällen (vgl. die nachfolgende Betrachtung) das **Axiom schwacher Transfersensitivität** SchTS, erfüllen damit ein weiteres der Kernaxiome der Armutsmessung (vgl. Abschnitt 11). Dieses Axiom verlangt:

Axiom SchTS: $P(\mathbf{x},z) > P(\mathbf{w},z)$, wenn die Datenbasen $\mathbf{x}$ bzw. $\mathbf{w}$ aus der Datenbasis $\mathbf{y}$ durch einen minimalen Transfer, ausgehend von unterschiedlichen Gebern mit y_i, $i \in \{1,...,n\}$ bzw. y_l, $l \in \{1,...,n\}$ und $y_i < y_l < z$ an Empfänger mit $y_i + h$ bzw. $y_l + h$ und $h > 0$ hervorgehen.

Nach dem Axiom minimaler Transfers gemäß Abschnitt 11 führt ein solcher Transfer bei $q \geq 2$ ungleichen Einkommenslücken für das betreffende Armutsmaß zu einem Anstieg. Dabei besteht ein solcher **minimaler Transfer** aus einem regressiven Transfer, bei dem beide Beteiligte vor und nach dem Transfer mit ihrem Einkommen unter der Armutsgrenze liegen. Gemäß dem Axiom SchTS soll der jeweilige Empfänger eines solchen Transfers ein jeweils um h Einheiten größeres Ausgangseinkommen aufweisen als der jeweilige Geber. Hier ist also $q \geq 3$ gefordert. Der durch den Transfer erfolgende Anstieg des Armutsmaßes soll nun gemäß Axiom SchTS um so größer ausfallen, je kleiner das Ausgangseinkommen des jeweiligen Transfergebers ist. Dabei vergrößert sich bei den Maßen $P^{Cl}(\mathbf{y},z)$ und $P^{BD}(\mathbf{y},z)$ aus (12) bzw. (13) zudem der jeweilige Anstieg mit steigendem Parameter ε.

Bezogen auf das bereits eingeführte Beispiel kann das Axiom SchTS am Beispiel der Maße $P^{C1}(\mathbf{y},z)$ und $P^{BD}(\mathbf{y},z)$ wie folgt illustriert werden: Aus der Datenbasis $\mathbf{y} = (5, 5, 10, 15, 26)'$ entstehen durch einen minimalen Transfer vom Einkommensbetrag $\delta = 4$ die Datenbasen $\mathbf{x} = (1, 5, 14, 15, 26)'$ bzw. $\mathbf{w} = (5, 5, 6, 19, 26)'$. Bei beiden Transfers liegt zwischen den Einkommen von Geber und Empfänger ein Einkommensbetrag von $h = 5$. Die jeweiligen Transfers führen mit der Armutsgrenze $z = 30$ und bei jeweils $\varepsilon = 2$ auf die Ungleichungen $P^{C1}(\mathbf{x},z) = 0{,}706 > P^{C1}(\mathbf{w},z) = 0{,}701$ und $P^{BD}(\mathbf{x},z) = 0{,}879 > P^{BD}(\mathbf{w},z) = 0{,}747$, womit die Anforderungen des Axioms SchTS erfüllt sind.
Um das Axiom SchTS z.B. für das Maß $P^{C1}(\mathbf{y},z)$ nachzuweisen, ist zur Potenz $P^{C1}(\mathbf{y},z)^{1+\varepsilon}$ überzugehen. Diese Potenz ist eine lineare Funktion der Potenzen $(z - y_j)^{1+\varepsilon}$ der Einkommenslücken $l_j = z - y_j$, $j = 1,...,q$. Solche Potenzen entsprechen denen in der sozialen Bewertungsfunktion f mit $f(x) = x^{\alpha}$ für $\alpha = 1 + \varepsilon$ in Abschnitt 7. Für $x > 0$ sowie $\alpha > 2$, d.h. für $\varepsilon > 1$, gilt nun aber: $f'''(x) > 0$, d.h. die dritte Ableitung bezüglich x ist positiv, die erste Ableitung f' damit konvex. Bezogen auf die Potenzen im Armutsmaß $P^{C1}(\mathbf{y},z)$ heißt das: $d^3(z - y_j)^{1+\varepsilon}/dy_j^3 < 0$, $j = 1,...,q$. Die erste Ableitung $d(z - y_j)^{1+\varepsilon}/dy_j$ ist damit konkav. Diese Eigenschaft sichert nach Chakraborty et al. (2008) die Erfüllung des Axioms SchTS. Um dem Axiom SchTS zu genügen, muss für den Parameter der Aversion gegen Armut im Maß $P^{C1}(\mathbf{y},z)$ von Clark et al. (1981) also gelten: $\varepsilon > 1$. Das Maß $P^{C1}(\mathbf{y},z)$ genügt dem Axiom SchTS danach nur unter einer einschränkenden Bedingung.
Die betreffende Bedingung gilt allerdings nicht für das Maß $P^{BD}(\mathbf{y},z)$. Dieses Maß kann parallel zu Zheng (1997, S.151) für $0 < 1 - \varepsilon < 1$ als lineare Funktion von $1 - (y_j/z)^{1-\varepsilon}$, $j = 1,...,q$, also als abhängig von transformierten Einkommenslücken geschrieben werden. Für diese ergibt sich $d^3(1 - (y_j/z)^{1-\varepsilon})/dy_j^3 < 0$, $j = 1,...,q$ (vgl. Abschnitt 17). Bei $\alpha = 1 - \varepsilon$ ist damit zur Erfüllung des Axioms SchTS für das Maß $P^{BD}(\mathbf{y},z)$ lediglich $\alpha < 1$, d.h. bei ohnehin als positiv vorausgesetztem Parameter ε keine weitere Beschränkung zu fordern (vgl. entsprechend Chakravarty und Muliere (2004)). Zum Fall $1 - \varepsilon < 0$ vgl. Abschnitt 17.
Da die Potenz $P^{C1}(\mathbf{y},z)^{1+\varepsilon}$ nach (12) den Faktor q^{ε} aufweist, zeigt sich diese nicht als additiv separierbar (vgl. Abschnitt 17). Als Folge kann das Maß $P^{C1}(\mathbf{y},z)$ dann auch nicht konsistent bezüglich Untergruppen sein (vgl. Foster und Shorrocks (1991, S.692)). Entsprechendes lässt sich dann auch für das Maß $P^{BD}(\mathbf{y},z)$ in (13) zeigen. Es reicht dafür aus, den Faktor q in der genannten Schreibweise zu betrachten. Damit genügen die Armutsmaße aus (12) und (13) nicht dem Kernaxiom der Untergruppenkonsistenz (vgl. Abschnitt 17).

16: Zensierung und Rangunabhängigkeit

Nach Abschnitt 13 und Abschnitt 15 genügen die in Abschnitt 12 bzw. Abschnitt 14 jeweils vorgestellten Armutsmaße vielen, aber nicht allen der von Zheng (1997, S.140) geforderten Kernaxiome. Insbesondere erfüllt keines der bisher eingeführten Armutsmaße das Axiom der Untergruppenkonsistenz. Werden nun aber die Zensierung und die Rangunabhängigkeit gemeinsam vorausgesetzt, ändert sich das Bild.

So kann im Armutsmaß von Shorrocks (11), das auf Zensierung beruht, der Gini-Koeffizient G_{L^*} zensierter Einkommenslücken durch ein Ungleichheitsmaß analog zu (6), welches Rangunabhängigkeit gewährleistet, ersetzt werden. Während das Ungleichheitsmaß B_ε in (6) (vgl. Abschnitt 7) für Einkommenslücken l_j, j = 1,...,q definiert ist, wird jetzt das entsprechende Maß für zensierte Einkommenslücken $l_i^* = z - y_i^*$, i = 1,...,n gemäß (2) benötigt. Dieses Maß stellt sich wie folgt dar:

$$B_\varepsilon^* = \left(\frac{1}{n}\sum_{i=1}^{n}(z - y_i^*)^{1+\varepsilon}\right)^{1/(1+\varepsilon)} / (z - \bar{y}^*) - 1, \quad \varepsilon > 0. \tag{14}$$

Da $\bar{l}^* = z - \bar{y}^*$ das arithmetische Mittel der zensierten Einkommenslücken bezeichnet, liefert die genannte Ersetzung das **Armutsmaß von Kockläuner** (1998, 2002) in der folgenden Form:

$$P^K(\mathbf{y},z) = \left(\frac{1}{n}\sum_{i=1}^{n}(z - y_i^*)^{1+\varepsilon}\right)^{1/(1+\varepsilon)} / z, \quad \varepsilon > 0. \tag{15}$$

Bei q = n armen Merkmalsträgern, d.h. bei H = 1 sind die Maße $P^K(\mathbf{y},z)$ aus (15) und $P^{C1}(\mathbf{y},z)$ aus (12) identisch. Allgemein gilt: $P^K(\mathbf{y},z) = H^{-\varepsilon/(1+\varepsilon)}P^{C1}(\mathbf{y},z)$ (vgl. Kockläuner (2002)). Als **ethisch**es Armutsmaß zeigt (15) im mit $\tilde{l}^{**}$ zu bezeichnenden Zähler wieder eine repräsentative Einkommenslücke. Diese bezieht sich wie die entsprechende Lücke $\tilde{l}^*$ in Abschnitt 12 auf die n zensierten Einkommen y_i^*, i = 1,...,n. Liegt eine solche Lücke also als gleich verteilter **Äquivalenzwert** in einem (n,1)-Vektor n-fach identisch vor, dann bewertet das Armutsmaß (15) diesen Vektor identisch zum Vektor vorliegender unterschiedlicher zensierter Einkommenslücken.

Mit dem **positiv**en **reell**en **Parameter ε** ist das Maß (15) durch einen **Parameter der Aversion gegen Armut** bzw. konstant absolute Risikoaversion gekennzeichnet (vgl. Abschnitt 14). Für ungleiche Einkommenslücken steigt damit $P^K(\mathbf{y},z)$ mit steigendem ε. Für $\varepsilon \to \infty$ ergibt sich dann der Grenzfall $P^K(\mathbf{y},z) = (z - y_1^*)/z$ mit der größten zensierten Einkommenslücke im Zähler.

Die weiteren Eigenschaften des Armutsmaßes (15) werden von Kockläuner (2002) beschrieben.
Zu beachten ist, wie in (15) die drei großen I der Armutsmessung Berücksichtigung finden. Die **Inzidenz** von Armut zeigt sich in der Anzahl $q \leq n$ positiver Einkommenslücken, die **Intensität** von Armut in deren jeweiliger Größe. Die **Ungleichheit** unter den zensierten Einkommenslücken wird über das $(1 + \varepsilon)$-Mittel $\widetilde{l}$ ** als Bestandteil von (14) erfasst. Da das Maß (15) wesentlich aus einem verallgemeinerten Mittel besteht, kann die durch Kolm (1976) erfolgte Axiomatisierung des Ungleichheitsmaßes A_ε in (5) (vgl. Abschnitt 7) direkt auf dieses Maß übertragen werden.
Wird nun die Potenz $P^K(\mathbf{y},z)^{1+\varepsilon}$ gebildet, ergibt sich aus dem Armutsmaß von Kockläuner (1998) das die Armutsmessung der letzten Jahrzehnte theoretisch und empirisch bestimmende **Armutsmaß von Foster et al.** (1984):

$$P^F(\mathbf{y},z) = \frac{1}{n}\sum_{i=1}^{n}((z - y_i^*)/z)^{1+\varepsilon}, \quad \varepsilon > 0. \tag{16}$$

Dieses Maß liefert für die hier allerdings ausgeschlossenen Werte $\varepsilon = -1$ bzw. $\varepsilon = 0$ mit $P^F(\mathbf{y},z) = H$ bzw. $P^F(\mathbf{y},z) = HI$ das **head count ratio** (7) bzw. die Normierungsgröße bei Sen (1976). Als nicht ethisches Armutsmaß, für das (15) „provides an ethical foundation" (vgl. Kockläuner (2002, S.299)) ist (16) allein „out of practical demand" (vgl. Zheng (1997, S.150)) vorgeschlagen worden (vgl. auch Foster et al. (2010)). Zu einer Axiomatisierung von (16) vgl. Chakraborty et al. (2008), zu einer davon abweichenden ordinalen Axiomatisierung Ebert und Moyes (2002).
Zu beachten ist in (16), dass sich das Maß $P^F(\mathbf{y},z)$ angesichts der gewählten schwachen Definition von Armut (vgl. Abschnitt 4) sowie der Annahme positiver Einkommen (vgl. Abschnitt 1) für $\varepsilon \to \infty$ dem Grenzwert Null nähert. Damit entfällt für dieses Maß die Interpretation des Parameters ε als Parameter der Aversion gegen Armut. Die Interpretation von ε als konstant proportionale Risikoaversion gemäß Abschnitt 7 bleibt aber bestehen.
Unabhängig von Kockläuner (1998) stellt Subramanian (2004) ebenfalls das Armutsmaß (15) vor. Wie der Titel seines Beitrages zum Ausdruck bringt, wird dabei der Bezug zu Minkowski-Abständen betont. So lässt sich das Armutsmaß (15) alternativ wie folgt schreiben:

$$P^K(\mathbf{y},z) = \left(\frac{1}{n}\sum_{i=1}^{n}(z - y_i^*)^{1+\varepsilon}\right)^{1/(1+\varepsilon)} / \left(\frac{1}{n}\sum_{i=1}^{n}(z - 0)^{1+\varepsilon}\right)^{1/(1+\varepsilon)}, \quad \varepsilon > 0. \tag{17}$$

In (17) erfasst der Zähler den Minkowski-Abstand zwischen einem (n,1)-Vektor $z\iota$ mit ι als Einsvektor und dem (n,1)-Vektor **y*** der zensierten Einkommen, der Nenner den Minkowski-Abstand zwischen dem Vektor $z\iota$ und einem (n,1)-Nullvektor. Entsprechend nennt Subramanian (2009a) die durch (15) definierte Klasse von Armutsmaßen in seinem Abschnitt 5 auch „Kockläuner / Minkowski - α Class of Poverty Measures."
Eine weitere Möglichkeit, Zensierung und Rangunabhängigkeit zu verbinden, ergibt sich, wenn im Armutsmaß von Blackorby und Donaldson (1980) in (13) das dortige (1 - ε)-Mittel statt für Armeneinkommen für zensierte Einkommen betrachtet wird. Die betreffende Modifikation führt auf das zweite **Armutsmaß von Clark et al.** (1981) in folgender Form:

$$P^{C2}(\mathbf{y},z) = 1 - (\frac{1}{n}\sum_{i=1}^{n} y_i^{*1-\varepsilon})^{1/(1-\varepsilon)}/z, \quad \varepsilon > 0. \tag{18}$$

Bei q = n armen Merkmalsträgern, also für H = 1 sind die Maße $P^{C2}(\mathbf{y},z)$ aus (18) und $P^{BD}(\mathbf{y},z)$ aus (13) identisch. Allgemein gilt die Gleichung $P^{C2}(\mathbf{y},z) = 1 - (1 - P^{BD}(\mathbf{y},z)/H)H^{1/(1-\varepsilon)}$. Natürlich ist auch das Maß (18) mit seinem durch $\tilde{y}^*$ zu bezeichnenden (1 - ε)-Mittel im Zähler wieder ein **ethisch**es Armutsmaß. So führt der (n,1)-Vektor $\tilde{y}^*\iota$ mit dem Einsvektor ι in (18) zu einer Bewertung, die identisch zu derjenigen eines vorhandenen Vektors **y*** mit ungleichen zensierten Einkommen ausfällt. Wie im Maß (15), so bildet auch in (18) der **Parameter ε** das vorhandene Ausmaß von **Aversion gegen Armut** bzw. konstant proportionale Risikoaversion ab. Mit steigendem ε sinkt bei ungleichen zensierten Einkommen gemäß Abschnitt 7 der gleich verteilte **Äquivalenzwert** $\tilde{y}^*$, steigt damit das Maß $P^{C2}(\mathbf{y},z)$. Im Grenzfall findet sich dann $P^{C2}(\mathbf{y},z) = 1 - y_1/z$ mit $y_1 = y_1^*$ als minimalem Armeneinkommen der gleiche Wert wie für das Maß $P^K(\mathbf{y},z)$. Für den Spezialfall ε = 1 enthält (18) wiederum das (1 - ε)-Mittel als geometrisches Mittel.
Im Gegensatz zu (15) und (16) für beliebiges ε existiert in (18) aber für 1 - ε < 0 kein Grenzwert, wenn sich ein Armeneinkommen dem (hier allerdings in Abschnitt 1 ausgeschlossenen) Wert Null nähert. Analog ist in (18) – wiederum im Gegensatz zu (15) und (16) – die erste Ableitung bezüglich eines Armeneinkommens an der Armutsgrenze z ungleich Null und damit nicht stetig. Zur Untersuchung erster Ableitungen von Armutsmaßen als Reaktionsfunktionen vgl. Schaich (1995). Da das Armutsmaß von Kockläuner (1998) sowie das zweite Maß von Clark et al. (1981) als zueinander duale Armutsmaße ansonsten über identische Eigenschaften verfügen (so sind z.B. beide Maße im Fall identischer zensierter Einkommen identisch), liegt hierin ein Vorteil von $P^K(\mathbf{y},z)$ gegenüber $P^{C2}(\mathbf{y},z)$.

17: Folgen von Zensierung und Rangunabhängigkeit

Die Armutsmaße (15), (16) und (18) vereinigen die Eigenschaften der Maße aus Abschnitt 12 und Abschnitt 14. So genügen sie als relative Maße nicht nur den Axiomen Fokus F, Skaleninvarianz SI, Normierung N, Anonymität A, ansteigende Armutsgrenze AAG, Replikationsinvarianz RI und starke Monotonie SM, die vom Armutsmaß von Sen (1976) $P^{S'}(\mathbf{y},z)$ aus (10) erfüllt werden (vgl. Abschnitt 11). Sie erfüllen auf Grund der Zensierung auch das Stetigkeitsaxiom S und das Axiom starker Transfers ST, denen das Armutsmaß von Shorrocks (1995) in (11) genügt (vgl. Abschnitt 13). Schließlich genügen sie dank ihrer Rangunabhängigkeit – wie das betreffende erste Armutsmaße von Clark et al. (1981) und das Maß von Blackorby und Donaldson (1980) – auch dem Axiom schwacher Transfersensitivität SchTS (vgl. Abschnitt 15). Dieses Axiom ist beim Armutsmaß von Kockläuner (1998) und beim Armutsmaß von Foster et al. (1984) für $\varepsilon > 1$, beim zweiten Armutsmaß von Clark et al. (1981) für alle ε, d.h. für $\varepsilon > 0$ erfüllt (vgl. Abschnitt 15).

Nun sind in (15) und (16) aber auch die ersten Ableitungen bezüglich eines Armeneinkommens an der Armutsgrenze z und damit insgesamt stetig. Es gilt z.B. für ein Armeneinkommen y_i (d.h. $y_i < z$ für $i \in \{1,...,n\}$), dass sich die Ableitung $dP^K(\mathbf{y},z)/dy_i$ dem Grenzwert Null nähert, wenn sich y_i (von unten) dem Grenzwert z nähert. Die Armutsmaße von Kockläuner (1998) und Foster et al. (1984) genügen aus diesem Grund dem **Axiom starker Stetigkeit**, woraus offensichtlich das Stetigkeitsaxiom S folgt (vgl. Zheng (1999, S.363)). Analog zu den entsprechenden Eigenschaften für schwache bzw. starke Transfers kann dann für Transfersensitivitäten gefolgert werden: Das Axiom schwacher Transfersensitivität SchTS führt zusammen mit dem Axiom starker Stetigkeit auf das **Axiom starker Transfersensitivität** (vgl. Zheng (1999, S.364)). Dieses Axiom erweitert die Aussage des Axioms SchTS in Abschnitt 15 auf regressive und wegen des Stetigkeitsaxioms S auch auf progressive und damit starke Transfers. Die an solchen Transfers beteiligten Merkmalsträger dürfen im Rahmen des Transfers also mit ihrem Einkommen die Armutsgrenze überschreiten. Nach Zheng (1999, S. 364) erweisen sich das Axiom starker Stetigkeit und das Axiom starker Transfersensitivität sogar als äquivalent.

Zusätzlich genügen die Armutsmaße (15), (16) und (18) aber auch, weil der Faktor q in ihnen nicht mehr auftaucht, dem letzten Kernaxiom von Zheng (1997, S.140), dem **Axiom der Untergruppenkonsistenz** UK. Dieses Axiom stellt sich wie folgt dar:

Axiom UK: $P(\mathbf{x},z) < P(\mathbf{y},z)$ für $\mathbf{x} = (\mathbf{x}_1',\mathbf{x}_2')'$ und $\mathbf{y} = (\mathbf{y}_1',\mathbf{y}_2')'$ mit $P(\mathbf{x}_1,z) < P(\mathbf{y}_1,z)$ und $P(\mathbf{x}_2,z) = P(\mathbf{y}_2,z)$.

Danach wird die Datenbasis **y** in zwei Gruppen aufgeteilt, wobei sich beim Übergang auf die Datenbasis **x** das Ausmaß von Armut in der zweiten Gruppe nicht verändert. In dieser zweiten Gruppe muss im Gegensatz zur ersten auch nicht notwendig Armut vorliegen. Verringert sich nun beim Übergang auf **x** das Ausmaß von Armut in der ersten Gruppe, dann, so verlangt es das Axiom der Untergruppenkonsistenz UK, soll auch das insgesamt ausgewiesene Ausmaß an Armut sinken.
Die Untergruppenkonsistenz ist als Eigenschaft von Armutsmaßen entscheidend durch Foster und Shorrocks (1991) geprägt. Diese Autoren gehen für zu betrachtende Armutsmaße P(**y**,z) davon aus, dass die Axiome Fokus F, Anonymität A, Replikationsinvarianz RI, Stetigkeit S und starke Monotonie SM erfüllt sind. Sie zeigen dann, dass ein solches Armutsmaß bezüglich Untergruppen konsistent ist genau dann, wenn es sich wie folgt schreiben lässt:

$$P(\mathbf{y},z) = F\left(\frac{1}{n}\sum_{i=1}^{n} p(y_i, z)\right). \tag{19}$$

In (19) soll die Funktion F stetig und im additiv separierbaren Argument steigend sein, die auf einzelne Merkmalsträger bezogene Armutsfunktion p stetig und bezüglich des Argumentes y_i, i = 1,...,n nicht steigend mit $p(y_i,z) = 0$ für $y_i \geq z$. Mit F als Identitätsfunktion zeigt sich das Armutsmaß P(**y**,z) in (19) als additiv zerlegbar. Nach dem **Axiom der Zerlegbarkeit** muss sich ein Armutsmaß, das diesem Axiom genügt, als gewichtete Summe der entsprechenden Armutsmaße für Untergruppen wie im Axiom UK zusammensetzen lassen. Als Gewicht für Gruppe l (l = 1,...,L) ist dabei der Anteil n_l/n von Merkmalsträgern dieser Gruppe an der Gesamtzahl n aller Merkmalsträger in der Datenbasis zu wählen.
Nun ist das Armutsmaß (16) nach Definition durch die Armutsfunktion p mit $p(y_i,z) = p(y_i^*,z) = ((z - y_i^*)/z)^{1+\varepsilon}$, i = 1,...,n als Potenz einer zensierten relativen Armutslücke bestimmt, demnach zerlegbar, daher mit den weiteren erfüllten Axiomen auch konsistent bezüglich Untergruppen. Das Maß (15) ergibt sich aus (16) als $F(P^F(\mathbf{y},z)) = P^F(\mathbf{y},z)^{1/(1+\varepsilon)}$, d.h. über eine Funktion F mit den genannten Eigenschaften, genügt damit auch dem Axiom UK, offensichtlich aber nicht dem Axiom der Zerlegbarkeit. Entsprechendes gilt dann auch für das Maß (18), wobei dafür von der bereits in Abschnitt 15 erwähnten Schreibweise gemäß Zheng (1997, S.151f) ausgegangen wird. Danach ist mit $p(y_i,z) = p(y_i^*,z) = 1 - (y_i^*/z)^{1-\varepsilon}$, i = 1,...,n für $0 < 1 - \varepsilon < 1$ die Funktion F über $F\left(\frac{1}{n}\sum_{i=1}^{n} p(y_i,z)\right) = 1 - \left(1 - \frac{1}{n}\sum_{i=1}^{n} p(y_i,z)\right)^{1/(1-\varepsilon)}$ definiert. Diese Funktion verbindet das Maß (18) mit einem von Chakravarty (1983) vorgeschlagenem Armutsmaß. Letzteres ist als arithmetisches Mittel der $p(y_i^*,z) = 1 - (y_i^*/z)^{1-\varepsilon}$

für i = 1,...,n definiert. Für $1 - \varepsilon < 0$ gilt eine entsprechende Verbindung dann mit $- p(y_i,z)$ und einem positiven Vorzeichen vor dem Summenterm in der Definition von F. Das zitierte Armutsmaß von Chakravarty (1983) bildet einen Spezialfall einer allgemeineren Klasse von Armutsmaßen nach Hagenaars (1987) (vgl. Abschnitt 30). Diese Klasse geht von zensierten Einkommen aus und basiert auf Nutzenvergleichen zwischen Armeneinkommen und der Armutsgrenze (vgl. Abschnitt 23). Bei entsprechender Nutzenfunktion erfüllen solche Maße das Axiom schwacher Transfersensitivität SchTS und das Axiom der Untergruppenkonsistenz UK.

Für additiv separierbare Armutsmaße mit stetiger und differenzierbarer Funktion p gilt allgemein (vgl. z.B. Zheng (1999)): Das Axiom starker Monotonie SM ist für Armeneinkommen y_j (d.h. $y_j < z$), j = 1,...,q äquivalent zu $dp(y_j,z)/dy_j < 0$, also zu einer negativen ersten Ableitung. Das Axiom starker Transfers ST erfordert zusätzlich $d^2p(y_j,z)/dy_j^2 > 0$, d.h. eine positive zweite Ableitung. Das Axiom schwacher Transfersensitivität SchTS verlangt daneben $d^3p(y_j,z)/dy_j^3 < 0$, d.h. eine negative dritte Ableitung. Das Axiom ansteigender Armutsgrenze AAG ist entsprechend äquivalent zu $dp(y_j,z)/dz > 0$.

Bezogen auf das Armutsmaß von Foster et al. (1984) mit $p(y_i,z) = p(y_i^*,z) = ((z - y_i^*)/z)^{1+\varepsilon}$ und folglich auch auf das daraus durch Transformation zu erhaltende Armutsmaß von Kockläuner (1998) heißt das: Das Axiom ST ist bei der Voraussetzung $\varepsilon > 0$ immer erfüllt, das Axiom SchTS jeweils für $\varepsilon > 1$ (vgl. auch Abschnitt 15).

Für die in Abschnitt 16 vorgestellten Armutsmaße zeigt das Beispiel aus Abschnitt 11 mit der Datenbasis $\mathbf{y} = (5, 5, 10, 15, 26)'$ und der Armutsgrenze z = 30 bei $\varepsilon = 2$ folgendes Ergebnis: Wegen q = n = 5 gilt $P^K(\mathbf{y},z) = P^{C1}(\mathbf{y},z) = 0{,}681$ sowie $P^{C2}(\mathbf{y},z) = P^{BD}(\mathbf{y},z) = 0{,}725$ (vgl. Abschnitt 15). Die jeweiligen Maße von Kockläuner (1998) und Clark et al. (1981) sowie von Clark et al. (1981) und Blackorby und Donalson (1980) liefern identische Werte. Damit ergibt sich dann für das Armutsmaß von Foster et al. (1984) $P^F(\mathbf{y},z) = P^K(\mathbf{y},z)^{1+\varepsilon} = 0{,}316$, also eine im Vergleich zu den anderen Maßen durchaus unterschiedliche Größenordnung, worauf auch Subramanian (2004) als Problem hinweist.

Wird die Datenbasis $\mathbf{y} = (5, 5, 10, 15, 26)'$ in die Datenbasen $\mathbf{y_1} = (5, 10, 26)'$ und $\mathbf{y_2} = (5, 15)'$ zerlegt, kann für wiederum z = 30 und $\varepsilon = 2$ gezeigt werden, wie sich die Maße $P^K(\mathbf{y},z)$ aus (15) und $P^{C2}(\mathbf{y},z)$ aus (18) bei einer additiven Zerlegung darstellen. Es finden sich mit $P^K(\mathbf{y_1},z) = 0{,}664$ sowie $P^K(\mathbf{y_2},z) = 0{,}706$ bzw. mit $P^{C2}(\mathbf{y_1},z) = 0{,}705$ sowie $P^{C2}(\mathbf{y_2},z) = 0{,}750$ die folgenden Ungleichungen: $(3/5)P^K(\mathbf{y_1},z) + (2/5)P^K(\mathbf{y_2},z) = 0{,}6806 < P^K(\mathbf{y},z) = 0{,}6813$ bzw. $(3/5)P^{C2}(\mathbf{y_1},z) + (2/5)P^{C2}(\mathbf{y_2},z) = 0{,}723 < P^{C2}(\mathbf{y},z) = 0{,}725$. Das für die gesamte Datenbasis ermittelte Ausmaß an Armut übertrifft danach jeweils das aus den Untergruppen als gewichtete Summe gewonnene Ausmaß. Ursächlich für dieses Ergebnis sind die in (15) bzw. (18) zu bildenden Potenzen: Die

sozialen Bewertungsfunktionen f mit $f(x) = x^{1/(1+\varepsilon)}$ bzw. $f(x) = -x^{1/(1-\varepsilon)}$ sind beide für $x > 0$ und positives ε konkav.
Neben dem Axiom der Zerlegbarkeit erlaubt auch das von Seidl (1988, S.96) vorgeschlagene **Axiom steigender Armutsaversion** (increasing poverty aversion) eine Unterscheidung zwischen den Maßen $P^K(\mathbf{y},z)$ und $P^{C2}(\mathbf{y},z)$ einerseits und dem Maß $P^F(\mathbf{y},z)$ andererseits. Nach diesem Axiom ist z.B. für (15) der Quotient aus $P^K(\mathbf{y},z)_{\varepsilon+1}$, d.h. dem Maß $P^K(\mathbf{y},z)$ für den Parameter $\varepsilon+1$ mit analog $P^K(\mathbf{y},z)_\varepsilon$ für den Parameter ε zu betrachten. Vorliegende Aversion gegen Armut verlangt, dass ein solcher Quotient, gebildet speziell mit dem Armeneinkommen $y_j - \delta$ $(0 < y_j - \delta < z)$ für $\delta > 0$, ansteigt, wenn sich die Nummer j (> 1) des gewählten armen Merkmalsträgers verkleinert. Ist dies der Fall, wird das Maß $P^K(\mathbf{y},z)_{\varepsilon+1}$ als gegenüber dem Maß $P^K(\mathbf{y},z)_\varepsilon$ stärker armutsavers bezeichnet. Auf dieser Grundlage verlangt das Axiom steigender Armutsaversion dann, dass $P^K(\mathbf{y},z)_\varepsilon \leq P^K(\mathbf{y},z)_{\varepsilon+1}$ für jede Datenbasis **y**. Offensichtlich genügen die Maße von Kockläuner (1998) sowie von Clark et al. (1981) diesem Axiom, das Maß von Foster et al. (1984) jedoch nicht, da dort die Potenz relativer Armutslücken mit steigendem Parameterwert ε sinkt. Zheng (2000, S.454f) identifiziert aber trotzdem die konstant absolute Risikoaversion des Maßes $P^F(\mathbf{y},z)$ in Höhe von ε mit „distribution sensitivity or poverty aversion."
Als Fazit dieser Untersuchungen zeigt sich: Die Armutsmaße von Kockläuner (1998) $P^K(\mathbf{y},z)$ und Clark et al. (1981) $P^{C2}(\mathbf{y},z)$ einerseits sowie von Foster et al. (1984) $P^F(\mathbf{y},z)$ andererseits erfüllen alle Kernaxiome der Armutsmessung. Da das zweite Maß von Clark et al. (1981) aber nicht dem Axiom starker Stetigkeit und damit auch nicht dem Axiom starker Transfersensitivität genügt, sind die beiden anderen Maße diesem gegenüber vorzuziehen. Das Maß $P^K(\mathbf{y},z)$ zeigt sich dabei als ethisches Maß, bei dem der Parameter ε das Axiom steigender Armutsaversion garantiert, während dieser Parameter im Maß $P^F(\mathbf{y},z)$ lediglich die vorhandene Risikoaversion zum Ausdruck bringt.

18: Axiome der Armutsmesssung

Nachdem – auch bezogen auf die historische Entwicklung der Armutsmessung – in den vorangehenden Abschnitten einzelne Axiome der Armutsmessung vorgestellt wurden, sollen diese nun zusammengefasst dargestellt werden.
So ist nach Abschnitt 8 ein **Armutsmaß** eine Abbildung P des Paares (**y**,z), bestehend aus der Datenbasis **y** als einem möglichen Element aus der Menge von Datenbasen und der Armutsgrenze z als einem möglichen Element aus der Menge von Armutsgrenzen, in die nicht negativen reellen Zahlen.

Armutsmessung richtet einen Fokus auf die Armen: Für Armutsmaße wird daher das Fokusaxiom F als erstes Kernaxiom verlangt (vgl. Abschnitt 8).

Axiom F: P(**x**,z) = P(**y**,z), wenn in den Datenbasen **x** und **y** die Merkmalsträger $i \in \{1,...,n\}$ mit positiven Einkommenslücken identisch sind und $y_i = x_i$ für diese i gilt.

Gemäß Axiom F hängt das durch P(**y**,z) erfasste Ausmaß von Armut nicht von den Merkmalswerten y_i derjenigen Merkmalsträger $i \in \{1,...,n\}$ ab, für die nach der schwachen Definition von Armut $y_i \geq z$ gilt (vgl. Abschnitt 4). **Armutsmaße** können alternativ relativ oder absolut sein. **Relative** Armutsmaße P bilden das Paar (**y**,z) in das Intervall [0,1] ab. Für solche Maße wird nach Abschnitt 9 zusätzlich das Axiom der Skaleninvarianz SI gefordert.

Axiom SI: $P(\lambda\mathbf{y},\lambda z) = P(\mathbf{y},z)$ für $\lambda > 0$.

Nach dem Axiom SI ist P(**y**,z) unabhängig von der für das Merkmal Y, hier das Einkommen, gewählten Einheit.
Weitere wichtige Axiome sind für relative wie auch für absolute Armutsmaße das Normierungsaxiom N und die folgenden Kernaxiome: das Anonymitätsaxiom A und das Axiom ansteigender Armutsgrenze AAG (vgl. Abschnitt 11).
Das Normierungsaxiom N verlangt:

Axiom N: P(**y**,z) = 0, wenn es keine positiven Einkommenslücken gibt.

Umgekehrt soll bei positiven Einkommenslücken dann P(**y**,z) > 0 sein. Manchmal wird das Axiom N auch in folgender erweiterter Form benötigt: P(**y**,z) ist eine Funktion der Konstante c, wenn alle zensierten (relativen) Einkommenslücken gleich dieser Konstante c sind.
Das Anonymitätsaxiom A wird häufig auch Symmetrieaxiom genannt. Es fordert:

Axiom A: P(**y**,z) ist unabhängig davon, welche q ($1 \leq q \leq n$) Merkmalsträger positive Einkommenslücken aufweisen.

Gemäß Axiom A spielt für die Armutsmessung die Bezeichnung der Merkmalsträger keine Rolle.
Bei vorhandener Armut hängt P(**y**,z) von der Armutsgrenze z ab. Hierfür muss, wenn es arme Merkmalsträger gibt, gelten:

Axiom AAG: $P(\mathbf{y},z) > P(\mathbf{y},z')$, wenn $z > z'$.

Gemäß Axiom AAG steigt das Ausmaß vorhandener Armut mit der Armutsgrenze z an.
Das Kernaxiom der Replikationsinvarianz RI stellt sich für relative Armutsmaße wie folgt dar (vgl. Abschnitt 11):

Axiom RI: $P((\mathbf{y}',...,\mathbf{y}')',z) = P(\mathbf{y},z)$.

Replikationen der Datenbasis **y** sind Vervielfachungen dieser Datenbasis. Sie lassen das Ausmaß von Armut gemäß Axiom RI unverändert. Zur Möglichkeit der Armutsmessung ohne das Kernaxiom RI vgl. Abschnitt 28.
Für absolute Armutsmaße ist das Axiom RI dann alternativ zu formulieren, wenn das Ausmaß an Armut nicht pro Merkmalsträger erfasst werden soll (vgl. die Betrachtung unten).
Als weiteres Kernaxiom ist für $P(\mathbf{y},z)$ jeweils das Stetigkeitsaxiom S zu fordern (vgl. Abschnitt 13).

Axiom S: $P(\mathbf{y},z)$ ist für festes z stetig bezüglich $y_i \in (0,\infty)$, $i = 1,...,n$.

Im Gegensatz zum Axiom beschränkter Stetigkeit BS (vgl. Abschnitt 11) verlangt das Axiom S insbesondere auch Stetigkeit an der Armutsgrenze z. Zu einem Argument, auf Stetigkeit an der Armutsgrenze zu verzichten, vgl. Abschnitt 29.
Mit dem Axiom S wird aus dem Axiom schwacher Monotonie (vgl. Abschnitt 11) das Axiom starker Monotonie SM. Das Axiom SM fordert:

Axiom SM: $P(\mathbf{x},z) < P(\mathbf{y},z)$, wenn für gegebenes z die Datenbasis **x** aus der Datenbasis **y** dadurch hervorgeht, dass für ein $i \in \{1,...,n\}$ mit $y_i < z$ gilt: $x_i = y_i + \delta$ bei $\delta > 0$.

Mit steigendem Armeneinkommen sinkt nach Axiom SM das Ausmaß vorliegender Armut.
Das Stetigkeitsaxiom S liefert zusammen mit einem weiteren Kernaxiom, dem Axiom regressiver Transfers (vgl. Abschnitt 11), auch das Axiom progressiver bzw. starker Transfers ST (vgl. Abschnitt 13). Danach muss bei vorliegender Armut gelten:

Axiom ST: $P(\mathbf{x},z) < P(\mathbf{y},z)$, wenn die Datenbasis **x** über einen progressiven Transfer aus der Datenbasis **y** hervorgeht, bei dem für den empfangenden Merkmalsträger $i \in \{1,...,n\}$ gilt: $y_i < z$.

Axiom ST enthält die folgende Aussage: Gibt ein nicht ganz so armer bzw. ein nicht armer Merkmalsträger einen positiven Betrag an einen ärmeren bzw. armen Merkmalsträger ab, sinkt gemäß Axiom ST dadurch das vorhandene Ausmaß an Armut. Da bei einem progressiven Transfer von den beteiligten Merkmalsträgern die Armutsgrenze über- bzw. unterschritten werden kann, wird manchmal lediglich das Axiom schwacher Transfers SchT (vgl. Abschnitt 11) gefordert. Die betreffende Vergleichsdiskussion findet sich in Abschnitt 29.
Auf Transfers bezieht sich dann auch das von den anderen Kernaxiomen unabhängige Kernaxiom schwacher Transfersensitivität SchTS (vgl. Abschnitt 15). Das Axiom SchTS fordert:

Axiom SchTS: $P(\mathbf{x},z) > P(\mathbf{w},z)$, wenn die Datenbasen **x** bzw. **w** aus der Datenbasis **y** durch einen minimalen Transfer, ausgehend von unterschiedlichen Gebern mit y_i, $i \in \{1,...,n\}$ bzw. y_l, $l \in \{1,...,n\}$ und $y_i < y_l < z$ an Empfänger mit $y_i + h$ bzw. $y_l + h$ und $h > 0$ hervorgehen.

Das Ausmaß vorliegender Armut steigt gemäß Axiom SchTS um so stärker, je ärmer derjenige Merkmalsträger ist, der einen positiven Betrag an einen nicht ganz so armen Merkmalsträger abgibt.
Schließlich ist, wiederum unabhängig von den bisher genannten Kernaxiomen, jeweils das Kernaxiom der Untergruppenkonsistenz UK zu fordern (vgl. Abschnitt 17). Dieses geht von Aufteilungen der Menge von Merkmalsträgern in disjunkte Teilgruppen aus und verlangt:

Axiom UK: $P(\mathbf{x},z) < P(\mathbf{y},z)$ für $\mathbf{x} = (\mathbf{x}_1',\mathbf{x}_2')'$ und $\mathbf{y} = (\mathbf{y}_1',\mathbf{y}_2')'$ mit $P(\mathbf{x}_1,z) < P(\mathbf{y}_1,z)$ und $P(\mathbf{x}_2,z) = P(\mathbf{y}_2,z)$.

Sinkt danach das in einer Untergruppe vorhandene Ausmaß an Armut, sinkt bei ansonsten unveränderter Armutslage gemäß Axiom UK das Ausmaß an Armut auch insgesamt.
Absolute Armutsmaßen P erfordern statt des Axioms SI das Axiom der Translationsinvarianz TI (vgl. Abschnitt 9). Eine Translation ist mit einer pauschalen Verschiebung von Datenbasis und Armutsgrenze verbunden. Dafür fordert das Axiom TI:

Axiom TI: $P(\delta\boldsymbol{\iota} + \mathbf{y},\delta + z) = P(\mathbf{y},z)$ für $\delta > \mathrm{Max}\{-y_1, -z\}$.

Nach Axiom TI bleibt das Ausmaß an Armut bei identischen Translationen für die Datenbasis und die Armutsgrenze unverändert.

Das Axiom der Replikationsinvarianz RI ist bei absoluten Armutsmaßen für den Fall zu verändern, dass das Ausmaß von Armut – statt als mittleres Ausmaß pro Merkmalsträger – auf die Gesamtheit aller Merkmalsträger bezogen werden soll. Mit $k > 1$ als Replikationsfaktor für die Datenbasis $\mathbf{y}$ lässt sich das Axiom RI wie folgt schreiben:

Axiom RI: $P((\mathbf{y}',...,\mathbf{y}')',z) = kP(\mathbf{y},z)$.

Danach beträgt das Ausmaß von Armut für den (kn,1)-Vektor $(\mathbf{y}',...,\mathbf{y}')'$ das k-fache des Ausmaßes von Armut für den (n,1)-Vektor $\mathbf{y}$. Das Axiom RI verlangt in dieser Form, dass absolut betrachtet die kn Merkmalsträger der Replikation das k-fache der bei n anfänglich gegebenen Merkmalsträgern vorhandenen Armut aufweisen.
Zur Forderung von Intermediarität zwischen Skalen- und Translationsinvarianz sei im Einzelnen auf Abschnitt 21 verwiesen. Dort wird das zugehörige **Axiom intermediärer Varianz** IV näher beleuchtet. Das Axiom IV fordert:

Axiom IV: $P(\lambda\mathbf{y},\lambda z) > P(\mathbf{y},z)$ für $\lambda > 1$ und $P(\delta\boldsymbol{\iota} + \mathbf{y},\delta + z) < P(\mathbf{y},z)$ für $\delta > 0$.

Danach verlangt das Axiom IV ein steigendes Ausmaß an Armut bei proportionalen Einkommenserhöhungen (vgl. den Faktor λ), dagegen ein sinkendes bei Erhöhungen um eine Pauschale δ.
Eng verbunden mit dem Axiom IV ist das **Axiom der Einheitskonsistenz** EK (unit consistency) nach Zheng (2007). Das Axiom EK verlangt:

Axiom EK: Aus $P(\mathbf{x},z) < P(\mathbf{y},z')$ für zwei Armutsgrenzen z bzw. z′ folgt $P(\lambda\mathbf{x}, \lambda z) < P(\lambda\mathbf{y}, \lambda z')$ für $\lambda > 0$.

Das Axiom EK und seine Konsequenzen werden in Abschnitt 22 ausführlich dargestellt. Es fordert, dass das Ergebnis von Armutsvergleichen nicht von der gewählten Merkmalseinheit, hier Einkommenseinheit abhängen darf (vgl. den Faktor λ). Der jeweilige Armutsvergleich darf sich dabei auf gegebenenfalls unterschiedliche Armutsgrenzen beziehen.
Natürlich lässt sich die aufgestellte Liste grundlegender Axiome der Armutsmessung noch erweitern. So folgt z.B. aus den Kernaxiomen Axiom F, Axiom RI, Axiom regressiver Transfers (vgl. Abschnitt 11) und dem Stetigkeitsaxiom S das **Axiom des Nichtarmutswachstums** (nonpoverty growth) NAW (vgl. Zheng (1997, S.157)). Danach ist zu fordern:

Axiom NAW: $P(\mathbf{x},z) < P(\mathbf{y},z)$, wenn die (n + 1,1)-Datenbasis **x** aus der (n,1)-Datenbasis **y** durch hinzufügen eines Merkmalsträgers $k \notin \{1,...,n\}$ mit $x_k \geq z$ hervorgeht.

Gemäß dem Axiom NAW soll das ausgewiesene Ausmaß vorliegender Armut sinken, wenn sich die Datenbasis um das Einkommen eines nicht armen Merkmalsträgers erweitert.
Entsprechend könnte gefordert werden, dass sich das Ausmaß vorhandener Armut verringert, wenn ein armer Merkmalsträger, d.h. ein Merkmalsträger $k \in \{1,...,n\}$ mit einem Einkommen $y_k < z$, aus einer Datenbasis entfernt wird. Dies würde dann umgekehrt bedeuten, dass sich das Ausmaß vorliegender Armut vergrößert, wenn die Datenbasis um einen armen Merkmalsträger erweitert wird. Ein solches Axiom wird in der Literatur daher **Axiom des Armutswachstums** (poverty growth) genannt (vgl. Abschnitt 28). Wie Kundu und Smith (1983) zeigen, verträgt sich ein solches Axiom, wenn es zusammen mit dem Axiom NAW aufgestellt wird, aber nicht mit dem Kernaxiom regressiver Transfers. Ursächlich für dieses Ergebnis sind die unterschiedlichen Richtungen, in denen sich einerseits in den Axiomen NAW und poverty growth, andererseits im Axiom regressiver Transfers, einzelne Einkommen verschieben. Folglich wird hier darauf verzichtet, das Axiom des Armutswachstums einzuführen (vgl. aber die Diskussion in Abschnitt 28).
Unverträglichkeiten zwischen einzeln Armutsmaßen ergeben sich auch, wenn statt der **schwachen** die **starke Definition von Armut** gewählt wird (vgl. Abschnitt 4). So kann nach Donaldson und Weymark (1986) bei der starken Definition von Armut einerseits kein Armutsmaß gleichzeitig dem Fokusaxiom F, dem Monotonieaxiom SM und dem Stetigkeitsaxiom S genügen, andererseits auch nicht gleichzeitig dem Axiom F und dem Transferaxiom ST. Als Konsequenz bietet es sich an, wie in Abschnitt 4 von vornherein auf die schwache Definition von Armut zu setzen.
Das in Abschnitt 17 eingeführte Axiom ansteigender Armutsaversion hat in der Literatur auch angesichts des Beitrages von Zheng (2000) keine weitere Verbreitung gefunden. Es soll daher nicht in die entstandene Liste grundlegender Axiome der Armutsmessung aufgenommen werden.

19: Axiomatisierung

Die Axiomatisierung eines Armutsmaßes besteht aus einem System von Axiomen der Armutsmessung, aus dem sich das betreffende Armutsmaß dann eindeutig ergibt. Zur Illustration sollen hier Axiomatisierungen der Armutsmaße $P^F(\mathbf{y},z)$ von Foster et al. (1984) sowie $P^K(\mathbf{y},z)$ von Kockläuner (1998) (vgl. Abschnitt 16) gegenübergestellt werden.
Eine gegenüber Ebert und Moyes (2002) nicht auf ordinale Charakterisierungen beschränkte Axiomatisierung des Maßes $P^F(\mathbf{y},z)$ liefern Chakraborty et

al. (2008). Diese Autoren betrachten zensierte relative Einkommenslücken $p_i^* = l_i^*/z = (z - y_i^*)/z$, $i = 1,...,n$ (vgl. Abschnitt 3 und Abschnitt 9), unterstellen damit das Fokusaxiom F. Für solche Einkommenslücken werden dann gefordert (vgl. Abschnitt 18): Das Axiom SI der Skaleninvarianz, das Normierungsaxiom N in der erweiterten Form aus Abschnitt 18, das Anonymitätsaxiom A, das Axiom starker Monotonie SM, das Stetigkeitsaxiom S, das Axiom starker Transfers ST, das Axiom schwacher Transfersensitivität SchTS sowie das **Axiom der (additiven) Zerlegbarkeit** (vgl. Abschnitt 17). Auf dieser Grundlage können Chakraborty et al. (2008) dann nachweisen, dass ein Armutsmaß genau dann die genannte Liste von Axiomen erfüllt, wenn es das Maß $P^F(\mathbf{y},z)$ mit dem Parameter $\varepsilon > 1$ ist.

Für eine entsprechende axiomatische Charakterisierung des Armutsmaßes $P^K(\mathbf{y},z)$ kann von Kolm (1976) ausgegangen werden. Kolm (1976) liefert eine Axiomatisierung des Atkinson-Maßes A_ε aus (5), die problemlos auf das dazu duale Ungleichheitsmaß B_ε aus (6) (vgl. Abschnitt 7) bzw. dessen Erweiterung B_ε^* in (14) (vgl. Abschnitt 16) auf zensierte Einkommenslücken zu übertragen ist. Das Maß B_ε^* besitzt als entscheidenden Bestandteil das in Abschnitt 16 mit $\tilde{l}$ ** bezeichnete (1 + ε)-Mittel der zensierten absoluten Einkommenslücken. Das Armutsmaß von Kockläuner (1998) ist nun aber mit $P^K(\mathbf{y},z) = \tilde{l}^{**}/z$ gerade das (1 + ε)-Mittel der zensierten relativen Einkommenslücken $p_i^* = l_i^*/z = (z - y_i^*)/z$, $i = 1,...,n$. Damit reduziert sich dessen axiomatische Charakterisierung auf die Charakterisierung solcher (1 + ε)-Mittel. Dafür werden bei Kolm (1976) analog zu Chakraborty et al. (2008) die folgenden Axiome gefordert: Das Axiom SI der Skaleninvarianz, das Normierungsaxiom N in der erweiterten Form, das Anonymitätsaxiom A, das Axiom starker Monotonie SM, das Stetigkeitsaxiom S und das Axiom starker Transfers ST, wobei für das zu erzielende Ergebnis auch das Axiom schwacher Transfersensitivität SchTS hinzugefügt werden kann. Dann wird aber das Axiom der additiven Zerlegbarkeit gegen ein alternatives **Axiom der Unabhängigkeit** (independence) ausgetauscht. Dieses auf Differenzierbarkeit basierende Axiom stellt sich für das Maß $P^K(\mathbf{y},z)$ wie folgt dar: $(dP^K(\mathbf{y},z)/dp_i^*)/(dP^K(\mathbf{y},z)/dp_k^*)$ ist unabhängig von p_l^* für $i, k = 1,...,n$ und $l \neq i, k$. Mit dem Theorem 84 von Hardy et al. (1964, S.68) lässt sich dann parallel zu Kolm (1976) zeigen: Ein Armutsmaß erfüllt genau dann die aufgeführte Liste von Axiomen der Armutsmessung, wenn es das Maß $P^K(\mathbf{y},z)$ mit dem Parameter $\varepsilon > 1$ ist. Dabei ist darauf hinzuweisen, dass das zitierte Theorem keine Differenzierbarkeit verlangt.

20: Absolute Armutsmessung

Nach Abschnitt 9 und Abschnitt 18 werden Armutsmaße als absolut bezeichnet, wenn sie das Axiom der Translationsinvarianz TI erfüllen. Da die Ar-

mutsmaße von Sen (1976) (vgl. Abschnitt 10), von Shorrocks (1995) (vgl. Abschnitt 12), von Clark et al. (1981) und von Blackorby und Donaldson (1980) (vgl. Abschnitt 14), von Kockläuner (1998) sowie von Foster et al. (1984) und wieder von Clark et al. (1981) (vgl. Abschnitt 16) alle relative Armutsmaße sind, also dem Axiom der Skaleninvarianz SI genügen, sind solche Maße geeignet zu modifizieren, wenn Beispiele absoluter Armutsmaße angegeben werden sollen. Die nachfolgenden Beispiele gehen von den Armutsmaßen aus Abschnitt 16 aus, also von Maßen, die alle Kernaxiome aus Abschnitt 18 erfüllen.
So entsteht aus dem **Armutsmaß von Kockläuner** (1998) $P^K(\mathbf{y},z)$ aus (15) ein absolutes Armutsmaß durch die einfache Multiplikation mit der Armutsgrenze z wie folgt:

$$zP^K(\mathbf{y},z) = \left(\frac{1}{n}\sum_{i=1}^{n}(z - y_i^*)^{1+\varepsilon}\right)^{1/(1+\varepsilon)}, \quad \varepsilon > 0. \tag{20}$$

Das Maß (20) bleibt mit seinen zensierten absoluten Einkommenslücken offensichtlich unverändert, wenn sowohl die Armutsgrenze z als auch die zensierten Einkommen y_i^*, i = 1,...,n um einen konstanten Betrag $\delta > 0$ verschoben werden, der sowohl die Armutsgrenze als auch das kleinste Einkommen positiv belässt (vgl. Axiom TI). $zP^K(\mathbf{y},z)$ besteht aus einem $(1 + \varepsilon)$-Mittel $\tilde{l}^{**}$ von zensierten absoluten Einkommenslücken, stellt mit diesem gleich verteilten **Äquivalenzwert** $\tilde{l}^{**}$ ein **ethisch**es Armutsmaß dar.
Entsprechend kann, jetzt durch Multiplikation mit $z^{1+\varepsilon}$, auch das **Armutsmaß von Foster et al.** (1984) $P^F(\mathbf{y},z)$ aus (16) in ein absolutes Maß überführt werden. Die Multiplikation führt auf

$$z^{1+\varepsilon}P^F(\mathbf{y},z) = \frac{1}{n}\sum_{i=1}^{n}(z - y_i^*)^{1+\varepsilon}, \quad \varepsilon > 0. \tag{21}$$

Wie im Falle der betreffenden relativen Maße gilt $(zP^K(\mathbf{y},z))^{1+\varepsilon} = z^{1+\varepsilon}P^F(\mathbf{y},z)$. Während sich aber (20) im Fall ungleicher Einkommenslücken für steigendes ε der maximalen zensierten absoluten Einkommenslücke nähert, findet sich für (21) kein entsprechender Grenzwert. Zudem fehlt die Möglichkeit einer ethischen Einordnung. So liefert auch im absoluten Fall der Ansatz von Kockläuner (1998) die ethische Fundierung für den Ansatz von Foster et al. (1984).
Im Gegensatz zu (15) ist das zweite **Armutsmaß von Clark et al.** (1981) $P^{C2}(\mathbf{y},z)$ aus (18), wenn auch dort mit der Armutsgrenze z multipliziert wird,

bei vorliegender Armut sowie ungleichen Armeneinkommen nicht translationsinvariant. Es ergibt sich

$$zP^{C2}(\mathbf{y},z) = z - (\frac{1}{n}\sum_{i=1}^{n} y_i^{*1-\varepsilon})^{1/(1-\varepsilon)}, \quad \varepsilon > 0. \tag{22}$$

Das Maß (22) ist durch das (1 - ε)-Mittel $\tilde{y}*$ der zensierten Einkommen y_i*, i = 1,...,n als gleich verteiltem **Äquivalenzwert** ein **ethisch**es Armutsmaß. Es definiert darüber analog zu (20) eine repräsentative absolute Einkommenslücke. Blackorby und Donaldson (1980) bezeichnen ein Maß wie (22) daher trotzdem als absolut.

In beiden dargestellten Auffassungen absolut ist ein anderes Maß. Dieses entsteht parallel zu (20). Den Ausgangspunkt bildet dabei ein Vorschlag zur absoluten Ungleichheitsmessung von Kolm (1976). Die dort für Einkommen vorgenommene Axiomatisierung lässt sich für Einkommenslücken problemlos modifizieren (vgl. Kockläuner (2006) und die Grenzwertbetrachtung in Abschnitt 21). Wird diese Modifizierung analog zu (14) auf die relative Ungleichheitsmessung zensierter Einkommenslücken ausgerichtet und für den Gini-Koeffizienten G_{L^*} in das Armutsmaß von Shorrocks (1995) in (11) (vgl. Abschnitt 12) eingesetzt, ergibt sich ein neues relatives Armutsmaß. Dieses Armutsmaß soll als **Armutsmaß nach Kolm** $P^{Ko}(\mathbf{y},z)$ bezeichnet werden. Es enthält mit dem **Parameter c** > 0 wiederum einen das Ausmaß vorliegender **Aversion gegen Armut** kennzeichnenden Parameter. Multiplikation dieses Maßes mit der Armutsgrenze z führt dann analog zu (20) auf das absolute Armutsmaß

$$zP^{Ko}(\mathbf{y},z) = \frac{1}{c}\ln(\frac{1}{n}\sum_{i=1}^{n} e^{c(z-y_i^*)}), \quad c > 0. \tag{23}$$

Das Maß (23) ist mit seiner Ausrichtung auf zensierte absolute Einkommenslücken offensichtlich translationsinvariant. Mit steigendem c nähert sich $zP^{Ko}(\mathbf{y},z)$ im Fall ungleicher Einkommenslücken der größten solcher Lücken $l_1* = z - y_1*$ in (2) (vgl. Abschnitt 3). Analog zu (20) besteht auch (23) aus einer repräsentativen absoluten Einkommenslücke, ist demnach ein **ethisch**es Maß. Das zu dieser Lücke dann – analog zum Ungleichheitsmaß $B_\varepsilon*$ in (14) (vgl. Abschnitt 16) – korrespondierende relative Ungleichheitsmaß ist $zP^{Ko}(\mathbf{y},z)/(z - \bar{y}*) - 1$. Als zugehöriges absolutes Maß ergibt sich $zP^{Ko}(\mathbf{y},z)$ - (z - $\bar{y}*$). Wird für zensierte Einkommen ein zu diesem absoluten Maß duales absolutes Maß formuliert, entspricht dieses gerade dem von Kolm (1976) für

unzensierte Einkommen axiomatisierten Ungleichheitsmaß (vgl. Kockläuner (2006) und Abschnitt 21).
Hinzuweisen ist an dieser Stelle auch darauf, das sich ansonsten relative Ungleichheits- oder Armutsmaße wie z.B. der Gini-Koeffizient in (4) (vgl. Abschnitt 6) als translationsinvariant erweisen, wenn sie für (zensierte) Einkommenslücken betrachtet werden.

21: Intermediäre Armutsmessung

Die intermediäre Armutsmessung betrachtet die relative bzw. absolute Armutsmessung als Grenzfälle. Wie in Abschnitt 9 am Beispiel von Gehaltserhöhungen vorgestellt, sind relative Armutsmaße dafür zu kritisieren, dass sie eine absolute Vergrößerung von Einkommenslücken ignorieren. Da umgekehrt absolute Armutsmaße bei pauschalen Gehaltserhöhungen unverändert bleiben, diese zudem für niedrigere relative Einkommenslücken sorgen, bietet sich eine Abkehr von relativen („rechten") in Richtung auf absolute („linke") Armutsmaße an. Die dabei entstehenden Maße sollen als intermediär bezeichnet werden. Kolm (1976) verwendet die Bezeichnung „zentristisch."
Aus den Axiomen SI der Skaleninvarianz sowie TI der Translationsinvarianz (vgl. Abschnitt 9 und Abschnitt 18) ergibt sich für solche Armutsmaße $P(\mathbf{y},z)$ das **Axiom intermediärer Varianz** IV mit folgender Forderung:

Axiom IV: $P(\lambda\mathbf{y},\lambda z) > P(\mathbf{y},z)$ für $\lambda > 1$ und $P(\delta\boldsymbol{\iota} + \mathbf{y},\delta + z) < P(\mathbf{y},z)$ für $\delta > 0$.

Das Axiom IV verlangt von $P(\mathbf{y},z)$ im Gegensatz zum Axiom SI also eine Vergrößerung, wenn es mit $\lambda > 1$zu einer proportionalen Einkommenserhöhung, die dann auch die Armutsgrenze entsprechend proportional erhöht, kommt. Es verlangt von $P(\mathbf{y},z)$ zusätzlich, dass im Gegensatz zum Axiom TI eine pauschale Erhöhung von Einkommen und Armutsgrenze um den Betrag δ zu einer Verringerung führt.
Beispiele intermediärer Armutsmaße erfordern zumindest teilweise etwas Vorbereitung. Solche Maße ergeben sich wie Beispiele relativer oder absoluter Armutsmaße ausgehend von entsprechenden Ungleichheitsmaßen. So erweitert Kolm (1976) das zum relativen Ungleichheitsmaß A_ε von Atkinson (1970) (vgl. Abschnitt 7) gehörende absolute Ungleichheitsmaß zu einem intermediären Ungleichheitsmaß, abhängig von einem weiteren reellen Parameter $\xi > 0$. Als Erweiterung von A_ε aus (5) ergibt sich damit für zensierte Einkommen das intermediäre **relativ**e Maß

$$A_\varepsilon(\xi) = 1 + \xi/\bar{y}^* - \frac{1}{n}\sum_{i=1}^{n}(y_i^* + \xi)^{1-\varepsilon})^{1/(1-\varepsilon)}/\bar{y}^*, \quad \xi > 0, \quad \varepsilon > 0. \qquad (24)$$

Wird in (24) $\xi = 0$ zugelassen, findet sich offensichtlich das nun auf zensierte Einkommen bezogene Atkinson-Maß (5). Kolm (1976) liefert eine axiomatische Charakterisierung des intermediären absoluten Maßes $\bar{y}^* A_\varepsilon(\xi)$.
Dual zu (24) kann, analog zu (6) in Abschnitt 7, für zensierte Einkommenslücken das intermediäre **relativ**e Ungleichheitsmaß

$$B_\varepsilon(\xi) = (\frac{1}{n}\sum_{i=1}^{n}(z - y_i^* + \xi)^{1+\varepsilon})^{1/(1+\varepsilon)}/(z - \bar{y}^*) - \xi/(z - \bar{y}^*) - 1, \qquad (25)$$

$$\xi > 0, \quad \varepsilon > 0$$

definiert werden (vgl. Kockläuner (2006)). (25) führt für $\xi = 0$ auf das Maß B_ε^* in (14) (vgl. Abschnitt 16).
Wie Kolm (1976) zeigt, geht das absolute Maß $\bar{y}^* A_\varepsilon(\xi)$ für $\varepsilon \to \infty$ und gleichzeitig $\xi \to \infty$ sowie $\varepsilon/\xi \to c$, eine reelle positive Konstante, in das von ihm entwickelte und in Abschnitt 20 für unzensierte Einkommen erwähnte translationsinvariante Ungleichheitsmaß über. Die entsprechenden Grenzwertbetrachtungen führen, von $(z - \bar{y}^*)B_\varepsilon(\xi)$ ausgehend, mit (23) auf das in Abschnitt 20 eingeführte translationsinvariante Ungleichheitsmaß $zP^{Ko}(\mathbf{y},z) - (z - \bar{y}^*)$ sowie auf das auch bereits in Abschnitt 20 benannte zugehörige skaleninvariante Ungleichheitsmaß $zP^{Ko}(\mathbf{y},z)/(z - \bar{y}^*) - 1$ (vgl. Kockläuner (2006)).
Wird nun das Ungleichheitsmaß (25) als Alternative zum Maß (14) für den Gini-Koeffizienten G_{L^*} in das Armutsmaß (11) von Shorrocks (1995) (vgl. Abschnitt 12) eingesetzt, ergibt sich als Erweiterung von (15), d.h. des Armutsmaßes $P^K(\mathbf{y},z)$ von Kockläuner (1998) (vgl. Abschnitt 16), das intermediäre Armutsmaß

$$P^{Ko}(\mathbf{y},z,\xi) = ((\frac{1}{n}\sum_{i=1}^{n}(z - y_i^* + \xi)^{1+\varepsilon})^{1/(1+\varepsilon)} - \xi)/z, \quad \xi > 0, \quad \varepsilon > 0 \qquad (26)$$

(vgl. Kockläuner (2006)). Wie (26) zeigt, sinkt das Maß $P^{Ko}(\mathbf{y},z,\xi)$ mit steigendem ξ. Einerseits liefert (26) für $\xi = 0$ offensichtlich den Spezialfall (15), also ein skaleninvariantes und damit „rechtes“ Armutsmaß (vgl. Abschnitt 9). Die für (25) dargestellte Grenzwertbetrachtung führt für $zP^{Ko}(\mathbf{y},z,\xi)$ andererseits auf den Spezialfall (23), also ein translationsinvariantes und damit „linkes“ Armutsmaß.

Gemäß seiner Entstehung genügt das Maß $P^{Ko}(\mathbf{y},z,\xi)$ dem Axiom intermediärer Varianz IV. Einerseits steigt sein Wert, wenn Einkommen und Armutsgrenze mit der Konstante $\lambda > 1$ multipliziert werden. Andererseits sinkt sein Wert, wenn Einkommen und Armutsgrenze um die Konstante $\delta > 0$ vergrößert werden.
Entsprechendes gilt dann auch für ein in der Entstehung einfacheres intermediäres Armutsmaß. Dieses verbindet den relativen Ansatz $P^K(\mathbf{y},z)$ der Armutsmessung von Kockläuner (1998) aus (15) in Abschnitt 16 mit dem zugehörigen absoluten Ansatz $zP^K(\mathbf{y},z)$ aus (20) in Abschnitt 20. Das gewichtete geometrische Mittel $(zP^K(\mathbf{y},z))^{1-e}P^K(\mathbf{y},z)^e$ liefert

$$P^K(\mathbf{y},z,e) = \Big(\frac{1}{n}\sum_{i=1}^{n}(z-y_i^*)^{1+\varepsilon}\Big)^{1/(1+\varepsilon)}/z^e, \quad 0 < e < 1, \quad \varepsilon > 0. \tag{27}$$

Offensichtlich führen in (27) die Grenzfälle e = 0 bzw. e = 1 auf das einbezogene absolute bzw. relative Armutsmaß.
Für die betreffenden Armutsmaße von Foster et al. (1984) aus (16) bzw. (21) findet sich dann analog über $(z^{1+\varepsilon}P^F(\mathbf{y},z))^{1-e}P^F(\mathbf{y},z)^e$ das Ergebnis

$$P^{F1}(\mathbf{y},z,e) = \frac{1}{n}\sum_{i=1}^{n}(z-y_i^*)^{1+\varepsilon}/z^{(1+\varepsilon)e}, \quad 0 < e < 1, \quad \varepsilon > 0. \tag{28}$$

Natürlich liefern für (28) die Grenzfälle e = 0 sowie e = 1 wieder die einzelnen absoluten bzw. relativen Bestandteile. Die Wahl $\varepsilon = 1$ führt in (28) auf einen Beispielsfall, der zur intermediären Ungleichheitsmessung von Krtscha (1994) korrespondiert. Zu diesem Sonderfall vgl. auch Zheng (2007).
Eine zu (28) alternative Verbindung zwischen dem relativen und absoluten Armutsmaß von Foster et al. (1984) geht auf die intermediäre Ungleichheitsmessung gemäß Bossert und Pfingsten (1990) zurück (vgl. auch Zheng (2004)). Diese stellt sich, analog zu (27) und (28) von einem Parameter e abhängig, nach Zheng (2007) wie folgt dar:

$$P^{F2}(\mathbf{y},z,e) = \frac{1}{n}\sum_{i=1}^{n}((z-y_i^*)/(1-e+ez))^{1+\varepsilon}, \quad 0 < e < 1, \quad \varepsilon > 0. \tag{29}$$

In (29) ergeben sich für e = 0 bzw. e = 1 wieder die Grenzfälle des absoluten Maßes $z^{1+\varepsilon}P^F(\mathbf{y},z)$ bzw. relativen Maßes $P^F(\mathbf{y},z)$. Dass das Maß (29) immer zwischen diesen Grenzfällen liegen muss, zeigt seine Schreibweise als gewichtetes $-(1+\varepsilon)^{-1}$-Mittel aus den betreffenden relativen und absoluten Ma-

ßen. Dabei erhält $P^F(\mathbf{y},z)$ das Gewicht e (vgl. Zheng (2007)). Offensichtlich genügen die Maße $P^{F1}(\mathbf{y},z,e)$ und $P^{F2}(\mathbf{y},z,e)$ dem Axiom IV.
Da das Maß (22) nicht im strengen Sinn absolut ist (vgl. Abschnitt 20), scheidet das Armutsmaß $P^{C2}(\mathbf{y},z)$ von Clark et al. (1981) für die intermediäre Armutsmessung aus.

22: Einheitskonsistenz
Das **Axiom der Einheitskonsistenz** EK (unit consistency) geht auf Zheng (2007) zurück. Es besagt:

Axiom EK: Aus $P(\mathbf{x},z) < P(\mathbf{y},z')$ für zwei Armutsgrenzen z bzw. z′ folgt $P(\lambda\mathbf{x},\lambda z) < P(\lambda\mathbf{y},\lambda z')$ für $\lambda > 0$.

Gemäß dem Axiom EK soll also die größenmäßige Rangfolge der Armutsmessungen für die Datenbasen **y** bzw. **x** mit den nicht notwendig identischen Armutsgrenzen z′ bzw. z erhalten bleiben, wenn durch Multiplikation mit der positiven Konstante λ die betrachtete Einheit der Einkommenserfassung transformiert wird.
Da bei Armutsmaßen, die skaleninvariant sind, $P(\lambda\mathbf{y},\lambda z') = P(\mathbf{y},z')$ gilt (vgl. Axiom SI in Abschnitt 9 bzw. Abschnitt 18), genügen skaleninvariante Armutsmaße dem Axiom EK. Danach sind z.B. sowohl die Sen-Maße aus Abschnitt 10 als auch die in Abschnitt 16 vorgestellten Maße von Kockläuner (1998), von Foster et al. (1984) sowie Clark et al. (1981) einheitskonsistent.
Das Axiom EK wird nun aber auch von anderen Armutsmaßen, insbesondere von einzelnen intermediären Armutsmaßen aus Abschnitt 21 erfüllt. Die entsprechende Charakterisierung erfolgt durch Zheng (2007). Danach ist ein Armutsmaß $P(\mathbf{y},z)$ einheitskonsistent genau dann, wenn es sich in der Form $P(\lambda\mathbf{y},\lambda z) = f(\lambda,P(\mathbf{y},z))$ mit einer stetigen Funktion f schreiben lässt, deren Werte mit dem zweiten Argument ansteigen, bei der demzufolge die beiden Argumente unabhängig voneinander $P(\lambda\mathbf{y},\lambda z)$ beeinflussen.
Wird entsprechend gemäß (27) das intermediäre Armutsmaß $P^K(\mathbf{y},z,e)$ betrachtet, ergibt sich $P^K(\lambda\mathbf{y},\lambda z,e) = \lambda^{1-e}P^K(\mathbf{y},z,e)$. Das Maß $P^K(\mathbf{y},z,e)$ genügt also dem Axiom EK. Analog findet sich mit (28) die Gleichung $P^{F1}(\lambda\mathbf{y},\lambda z,e) = \lambda^{-e}P^{F1}(\mathbf{y},z,e)$. Damit genügt auch das Maß $P^{F1}(\mathbf{y},z,e)$ dem Axiom EK. Dies gilt allerdings nicht für das Maß $P^{F2}(\mathbf{y},z,e)$ aus (29). Hier ist die für Einheitskonsistenz verlangte Darstellung nicht möglich.
Allgemeiner zeigt Zheng (2007) für intermediäre Armutsmaße wie diejenigen aus (27) - (29), dass solche Maße genau dann das Axiom EK erfüllen, wenn sie sich, wie für die Maße $P^K(\mathbf{y},z,e)$ und $P^{F1}(\mathbf{y},z,e)$ gezeigt, als gewichtete geometrische Mittel darstellen lassen. Für das Maß $P^{F2}(\mathbf{y},z,e)$ existiert eine solche Darstellung aber nicht (vgl. analog die betreffende intermediäre Un-

gleichheitsmessung Zheng (2004)). Wird hier $z \neq z'$ gewählt, lassen sich schnell Beispiele finden, die dem Axiom EK widersprechen. Analoges gilt dann auch für das Maß $P^{Ko}(\mathbf{y},z,\xi)$ aus (26).

23: Ordnungsäquivalenz

Unterschiedliche Datenbasen **y** und **x** lassen sich als (n,1)-Vektoren durch jedes der in Abschnitt 10 bis Abschnitt 21 vorgestellten quantitativen Armutsmaße $P(\mathbf{y},z)$ eindeutig ordnen. Es ergibt sich z.B. $P(\mathbf{x},z) \leq P(\mathbf{y},z)$. Gibt es in **y** und **x** – wie nachfolgend jeweils vorausgesetzt – die gleiche Anzahl q armer Merkmalsträger, gilt mit dem Armutsmaß $P(\mathbf{y},z) = H = q/n$ (vgl. (7) in Abschnitt 11) speziell $P(\mathbf{x},z) = P(\mathbf{y},z)$. Die Datenbasen $\mathbf{x} = (5, 5, 10, 15, 26)'$ sowie $\mathbf{y} = (1, 5, 14, 15, 26)'$ (vgl. die im Vergleich zu Abschnitt 15 erfolgte Modifizierung) mit $q = n = 5$ armen Merkmalsträgern führen beim Armutsmaß von Kockläuner (1998) unabhängig vom Parameter ε bei der Armutsgrenze $z = 30$ auf $P^K(\mathbf{x},z) < P^K(\mathbf{y},z)$ (vgl. (15) in Abschnitt 16).
Die im Folgenden betrachteten Ordnungen sollen sich bei $q < n$ auf die (q,1)-Teilvektoren $\mathbf{y}_A$ und $\mathbf{x}_A$ der Datenbasen **y** bzw. **x** und damit auf die armen Merkmalsträger beschränken. Die eingeführte Bezeichnung soll aber auch den Fall $q = n$ einschließen.
So sind nach Chakravarty (2009, S.55f) die folgende Aussagen äquivalent:

1. $P(\mathbf{x}_A,z) < P(\mathbf{y}_A,z)$ für alle Armutsmaße, die dem Fokusaxiom F, dem Anonymitätsaxiom A, dem Axiom schwacher Monotonie und dem Axiom schwacher Transfers SchT genügen.
2. $P(\mathbf{x}_A,z) < P(\mathbf{y}_A,z)$ für alle Armutsmaße, die dem Fokusaxiom F genügen sowie fallend und streng S-konvex in den Armeneinkommen sind.
3. $\mathbf{x}_A$ kann aus $\mathbf{y}_A$ über eine endliche Folge rangerhaltender Erhöhungen von Armeneinkomen und über eine endliche Folge rangerhaltender progressiver Transfers unter den Armen erhalten werden.
4. $\mathbf{y}_A$ kann aus $\mathbf{x}_A$ über eine endliche Folge rangerhaltender Verminderungen von Armeneinkommen und über eine endliche Folge rangerhaltender regressiver Transfers unter den Armen erhalten werden.
5. $W(\mathbf{x}_A) > W(\mathbf{y}_A)$ für alle auf (q,1)-Vektoren von Armeneinkommen definierten ansteigenden und streng S-konkaven soziale Wohlfahrtsfunktionen W.
6. $\sum_{j=1}^{q} U(x_j) > \sum_{j=1}^{q} U(y_j)$ für alle auf Armeneinkommen definierten ansteigenden und streng konkaven individuellen Nutzenfunktionen U.

7. $\sum_{j=1}^{q} p(x_j,z) < \sum_{j=1}^{q} p(y_j,z)$ für alle individuellen Armutsfunktionen p, die fallend und streng konvex in den Armeneinkommen sind.
8. $\mathbf{x}_A$ ist gegenüber $\mathbf{y}_A$ bezüglich der verallgemeinerten Lorenz-Ordnung vorzuziehen.
9. $\mathbf{x}_A$ dominiert $\mathbf{y}_A$ bezüglich stochastischer Dominanz zweiter Ordnung.
10. $\sum_{l=1}^{j} (z - x_l) \leq \sum_{l=1}^{j} (z - y_l)$ für j = 1,...,q und < für zumindest ein j.
11. Es gibt eine bistochastische Matrix **A** mit $\mathbf{x}_A \geq \mathbf{A}\mathbf{y}_A$.
12. Es gibt eine endliche Zahl quadratischer Pigou-Dalton-Transfermatrizen so, dass mit deren Produkt **T** gilt: $\mathbf{x}_A \geq \mathbf{T}\mathbf{y}_A$.

Zum Beweis der aufgeführten Äquivalenzen vgl. die Hinweise bei Chakravarty (2009, S.56), insbesondere auf Marshall und Olkin (1979). Zu den einzelnen Äquivalenzen gehören die folgenden Erläuterungen:
S-Konvexität bzw. S-Konkavität bezieht jeweils eine **bistochastische Matrix A** ein. Eine solche Matrix besitzt als (q,q)-Matrix Elemente $a_{jk} \in [0,1]$ mit $\sum_{j=1}^{q} a_{jk} = \sum_{k=1}^{q} a_{jk} = 1$ für j,k = 1,...,q, darf aber nicht die Einheitsmatrix sein.
Strenge **S-Konvexität** unter 2. verlangt $P(\mathbf{x}_A,z) < P(\mathbf{y}_A,z)$ für $\mathbf{x}_A = \mathbf{A}\mathbf{y}_A$. Entsprechend verlangt strenge **S-Konkavität** unter 5., dass $W(\mathbf{x}_A) > W(\mathbf{y}_A)$ für $\mathbf{x}_A = \mathbf{A}\mathbf{y}_A$.
Zu den Armutsfunktionen p unter 7. vgl. (19) in Abschnitt 17.
Eine **verallgemeinerte Lorenz-Ordnung** geht von verallgemeinerten Lorenz-Kurven aus. Diese entstehen aus Lorenz-Kurven, indem dort die Werte der abhängigen Variable mit dem arithmetischen Mittel der betrachteten Datenbasis multipliziert werden. Für den (q,1)-Vektor $\mathbf{y}_A$ bedeutet dies: Anstatt wie bei der Lorenz-Kurve die Werte $S_j(y_j) = \sum_{l=1}^{j} y_l / (q\,\bar{y}_A)$, j = 1,...,q, abzutragen, werden bei der verallgemeinerten Lorenz-Kurve die Werte $\bar{y}_A\, S_j(y_j)$, j = 1,...,q als Werte der abhängigen Variable benutzt (vgl. Abschnitt 6). Unter 8. wird nun diesbezüglich verlangt, dass $\bar{x}_A\, S_j(x_j) \geq \bar{y}_A\, S_j(y_j)$ für j = 1,...,q mit > für zumindest ein j.
Wegen der Äquivalenz von 5. und 8. erlauben verallgemeinerte Lorenz-Ordnungen den Wohlfahrtsvergleich von Vektoren $\mathbf{x}_A$ und $\mathbf{y}_A$ mit unterschiedlichen arithmetischen Mitteln. Grundlage dafür ist Shorrocks (1983).
Parallel zu Lorenz-Ordnungen lassen sich über den Vergleich von TIP-Kurven (vgl. Abschnitt 12) auch **TIP-Ordnung**en einführen. Wie Lambert (2001, S.160) zeigt, sind verallgemeinerte Lorenz-Ordnungen äquivalent zu

TIP-Ordnungen für eine beliebige Armutsgrenze z. Dabei ist zu beachten, dass TIP-Ordnungen beginnend mit der größten Einkommenslücke umgekehrt zu Lorenz-Ordnungen ordnen.

Stochastische Dominanz ist eine durch in der Regel stetige Verteilungsfunktionen definierte Dominanz. Für eine empirische Einkommensverteilung ist empirische Dominanz dann analog durch empirische Verteilungsfunktionen $\hat{F}$ zu definieren. So verlangt empirische Dominanz erster Ordnung, dass bezogen auf Vektoren $\mathbf{x}_A$ und $\mathbf{y}_A$ für z.B. alle y_j die Ungleichung $\hat{F}_X(y_j) \leq \hat{F}_Y(y_j)$, j = 1,...,q mit < für mindestens ein j gilt. Ist dies der Fall, dann dominiert der Vektor $\mathbf{x}_A$ den Vektor $\mathbf{y}_A$. Empirische Dominanz zweiter Ordnung ist dann gleichbedeutend mit empirischer Dominanz erster Ordnung für die Verteilungsfunktionen $\hat{F}$, bezüglich derer die empirische Dominanz erster Ordnung eingeführt wurde. D.h. dann konkret: Die Vektoren von Werten $\hat{F}_X(x_j)$ und $\hat{F}_Y(y_j)$, j = 1,..,q sind bezüglich der zugehörigen empirischen Verteilungsfunktionen zu vergleichen. Aus empirischer Dominanz niedrigerer Ordnung folgt jeweils empirische Dominanz höherer Ordnung. Auf Grund der Äquivalenz von 9. und 1. verlangt die Dominanz zweiter Ordnung das Axiom schwacher Monotonie und das Axiom schwacher Transfers SchT, d.h „efficiency and equity“ (vgl. Chakravarty und Muliere (2004, S.250)). Die Dominanz dritter Ordnung ist dann durch „efficiency, equity and transfer sensitivity“ (vgl. Chakravarty und Muliere (2004, S.250)) zu charakterisieren. Zur statistischen Inferenz für stochastische Dominanz sowie die Messung von Armut und Ungleichheit vgl. Davidson und Duclos (2000).

Eine **Pigou-Dalton-Transfermatrix T** ist schließlich definiert als (q,q)-Matrix $\mathbf{T} = \lambda\mathbf{I} + (1 - \lambda)\mathbf{Q}$ mit $\lambda \in (0,1)$, **I** als Einheitsmatrix und **Q** als sogenannter Permutationsmatrix. Eine Permutationsmatrix entsteht aus der Einheitsmatrix durch vertauschen zweier Zeilen, so dass als Folge z.B. die Multiplikation $\mathbf{Q}\mathbf{y}_A$ dazu führt, dass im Vektor $\mathbf{y}_A$ zwei Elemente ausgetauscht werden.

Die diskutierten Äquivalenzen lassen sich problemlos am obigen Beispiel der Datenbasen $\mathbf{x} = (5, 5, 10, 15, 26)'$ und $\mathbf{y} = (1, 5, 14, 15, 26)'$ illustrieren. Wegen $\bar{x}_A = \bar{y}_A$ ist dabei das Ergebnis der verallgemeinerten Lorenz-Ordnung mit dem der Lorenz-Ordnung identisch. Für $y_1 = 1$ gilt insbesondere $\hat{F}_X(1) = 0 < \hat{F}_Y(1) = 0{,}2$, woraus die empirische Dominanz zweiter Ordnung folgt. Die jeweils auf eine Gleichung führenden Matrizen **A** in 11. und **T** in 12. sind für das Beispiel identisch. Speziell ist in **T** das Gewicht $\lambda = 9/13$ zu wählen, für die Matrix **Q** dabei die erste und dritte Zeile der Einheitsmatrix zu vertauschen.

24: Armutsgrenzenordnung

Während Abschnitt 23 das jeweilige Ausmaß an Armut für eine feste Armutsgrenze z untersucht, geht es bei der Armutsgrenzenordnung darum, die Ordnung eines gegebenen Armutsmaßes für ein Intervall von Armutsgrenzen zu betrachten (vgl. Zheng (2000, S.429)).

Das diesbezügliche Hauptresultat geht auf Foster und Shorrocks (1988) zurück. Danach ergibt sich für Einkommensverteilungen **x** und **y** mit den Verteilungsfunktionen F_X und F_Y und eine natürliche Zahl ε die Äquivalenz folgender Aussagen:

1. Für das Armutsmaß von Foster et al. (1984) mit dem Parameter ε gilt: $P^F(\mathbf{x},z) \leq P^F(\mathbf{y},z)$ für alle $z \in (0,z_{max}]$ und < für mindestens ein z.
2. **x** dominiert **y** bezüglich stochastischer Dominanz der Ordnung ε + 2.

Wird demnach z.B. ε = 1 gesetzt, also ein Fall betrachtet, bei dem das Maß $P^F(\mathbf{y},z)$ in (16) (vgl. Abschnitt 16) nicht dem Axiom schwacher Transfersensitivität SchTS genügt (vgl. Abschnitt 17), führt dieses Maß auf stochastische Dominanz dritter Ordnung, die das Axiom SchTS erfüllt. Entsprechend ergibt sich, wenn ε = 0, also $P^F(\mathbf{y},z) = HI$ (vgl. Abschnitt 16), zugelassen wird, dass $P^F(\mathbf{y},z)$ die Ordnungsrelation stochastische Dominanz zweiter Ordnung mit dem Axiom starker Transfers ST besitzt, obwohl es selbst das Axiom ST nicht erfüllt (vgl. Abschnitt 17). Nach Abschnitt 23 liefert $P^F(\mathbf{y},z)$ in diesem Fall auch die verallgemeinerte Lorenz-Dominanz.

Die Äquivalenz zwischen 1. und 2. gilt auch für den Fall zensierter Einkommensverteilungen, bei denen analog zur zensierten Datenbasis (3) jetzt Einkommen $y_i \geq z_{max}$, $i \in \{1,...,n\}$ zu $y_i = z_{max}$ werden. Obwohl die Arbeit von Foster und Shorrocks (1988) von additiv zerlegbaren Armutsmaßen, also dem Axiom der Zerlegbarkeit in Abschnitt 17 ausgeht, lassen sich die Ergebnisse offenbar auf Armutsmaße übertragen, die, dem Axiom der Untergruppenkonsistenz UK genügend, gemäß (19) in Abschnitt 17 von $P^F(\mathbf{y},z)$ abhängen. Dazu gehört insbesondere das Maß von Kockläuner (1998) mit $P^K(\mathbf{y},z) = F(P^F(\mathbf{y},z)) = P^F(\mathbf{y},z)^{1/(1+\varepsilon)}$. Dieses Maß kann also in 1. das Maß $P^F(\mathbf{y},z)$ direkt ersetzen. Die Armutsgrenzenordnung ist danach entscheidend durch die Armutsmaße aus Abschnitt 16 bestimmt.

Die Äquivalenzaussage von Foster und Shorrocks (1988) ist, obwohl auf die stochastische Dominanz stetiger Verteilungsfunktionen ausgerichtet, analog auf diskrete Verteilungen und damit dann – wie in Abschnitt 23 – dann auch auf eine empirische Dominanz bestimmter Ordnung anzuwenden.

Zu Armutsgrenzenordnungen für Armutsmaße, die auf Nutzenbetrachtungen gründen, sowie zu entsprechenden Ordnungen für rangbasierte Armutsmaße vgl. Zheng (2000, S.436ff).

25: Armutsmaßordnung
Ist für eine feste Armutsgrenze eine Klasse von Armutsmaßen zu ordnen, so soll von einer Armutsmaßordnung gesprochen werden. Die grundlegende Arbeit von Atkinson (1987) erweiternd, stammen wesentliche Ergebnisse zu Armutsmaßordnungen von Zheng (1999).
Danach werden Armutsmaße P(**y**,z) vorausgesetzt, die das Axiom der Zerlegbarkeit (vgl. Abschnitt 17) erfüllen. Für Einkommensverteilungen **x** und **y** mit den Verteilungsfunktionen F_X und F_Y findet sich dann die Äquivalenz folgender Aussagen:

1. P(**x**,z) < P(**y**,z) für alle Armutsmaße, die das Axiom starker Monotonie SM und das Axiom starker Transfers ST für alle Armutsgrenzen $z \in [z_{min}, z_{max}]$ erfüllen.
2. **x** dominiert **y** schwach bezüglich stochastischer Dominanz zweiter Ordnung in $[z_{min}, z_{max}]$ und **x** dominiert **y** bezüglich stochastischer Dominanz zweiter Ordnung in $[0, z_{min}]$.

Im Gegensatz zur Dominanz wird bei der schwachen Dominanz nicht verlangt, dass für die zu vergleichenden Verteilungsfunktionen eine echte Ungleichung besteht (vgl. Abschnitt 23). Die aufgeführte Äquivalenz lässt sich nach Zheng (1999) in Analogie für Armutsmaße formulieren, die zusätzlich in 1. dem Axiom der schwachen Transfersensitivität SchTS genügen. In der Äquivalenz 2. ist dafür dann in $[0, z_{min}]$ statt der zweiten die stochastische Dominanz dritter Ordnung zu fordern. In beiden Bereichen ist in 2. die stochastische Dominanz dritter Ordnung gefordert, wenn in 1. das Axiom starker Transfersensitivität (vgl. Abschnitt 17) zusätzlich vorausgesetzt wird. Da die Armutsmaße von Kockläuner (1998) und von Foster et al. (1984) für $\varepsilon > 1$ das Axiom starker Transfersensitivität erfüllen (vgl. Abschnitt 17), liefern diese Maße für z.B. $\varepsilon = 2$ entsprechende Armutsordnungen.
Wegen der Äquivalenzen zwischen stochastischer Dominanz, verallgemeinerten Lorenz-Ordnungen und TIP-Ordnungen (vgl. Abschnitt 23) lassen sich Armutsmaßordnungen auch bezogen auf TIP-Ordnungen formulieren. Da TIP-Kurven bei zensierten Verteilungen ansetzen, erweist sich die TIP-Kurven-Dominanz als äquivalent zur zensierten verallgemeinerten Lorenz-Dominanz. Eine diesbezügliche Übersicht findet sich bei Zheng (2000, S.447ff). Zheng (2000) diskutiert auch Armutsmaßordnungen für verteilungssensitive Armutsmaße, d.h. Armutsmaße mit konstanter proportionaler Risikoaversion. Solche Ordnungen sind auch diejenigen, welche durch das Axiom steigender Armutsaversion in Abschnitt 17 definiert werden. Daher sind dann wiederum die Armutsmaße von Kockläuner (1998) und von Foster et al. (1984) Armutsmaße, die entsprechende Ordnungen repräsentieren.

26: Armut im Zeitablauf

Die bisherigen methodischen Betrachtungen zur Armutsmessung beschränken sich auf einen einzigen Zeitraum, auf den sich die Datenbasis bezieht und für den die Armutsgrenze fixiert ist. Im Zeitablauf kann sich eine Armutsgrenze natürlich verändern. Zudem kann Armut für einen Merkmalsträger in mehreren unterschiedlich langen Teilperioden vorliegen.

So betrachtet Foster (2009) Armut dann als **chronisch**, wenn sie für eine gegebene Mindestzahl erfasster Teilperioden festgestellt wird. Er stellt damit eine Verbindung zur multidimensionalen Armutsmessung her, bei der Merkmalsträger dann als arm eingestuft werden, wenn sie in einer Mindestzahl unterschiedlicher Armutsdimensionen arm sind (vgl. Alkire und Foster (2009) und Teil II b)). Beschränkt sich vorliegende Armut allerdings nur auf eine kleine Zahl von Teilperioden, gelten die betreffenden Merkmalsträger danach als nicht arm. Foster (2009) unterstellt zudem Zeitanonymität, was bedeutet, dass die Reihenfolge der mit Armut verbundenen Teilperioden keine Bedeutung für die zeitbezogene Armutsmessung hat. Damit bleibt die Aufeinanderfolge von Teilperioden mit vorliegender Armut ohne besondere Berücksichtigung.

Demgegenüber verbuchen Hoy und Zheng (2008) Armut in jeder Teilperiode, in der diese auftritt, berücksichtigen auch die Periodenfolge. Am Beispiel des in Geldeinheiten erfassten reellen positiven Konsumniveaus Y_t, t = 1,...,T mit t als Teilperiodennummer stellt sich für den Merkmalsträger i (i = 1,...,n) die Datenbasis dort als (1,T)-Vektor $\mathbf{y_i}' = (y_{i1},...,y_{iT})$ von Zeitreihendaten dar (vgl. dagegen (1) in Abschnitt 1). Für eine feste positive reelle Armutsgrenze z als Element aus der Menge von möglichen Armutsgrenzen bildet die Abbildung P des Paares $(\mathbf{y_i}',z)$, i = 1,...,n mit $\mathbf{y_i}'$ als Element aus der Menge von möglichen individuellen Datenbasen in die nicht negativen reellen Zahlen dann ein zeitbezogenes **individuelles Armutsmaß**.

Dafür werden ein **Erfahrungsaxiom** und ein **Retrospektivaxiom** gefordert. Ersteres verlangt, dass $P(\mathbf{y_i}',z)$ für i = 1,...,n eine ansteigende Funktion von $p(y_{it},z)$, d.h. der Armutslage von Merkmalsträger i in der Teilperiode t (t = 1,...,T) ist. Mit $\bar{y}_i$ als arithmetischem Mittel der Elemente von $\mathbf{y_i}'$ wird zweitens verlangt, dass $P(\mathbf{y_i}',z)$ für i = 1,...,n eine ansteigende Funktion von $p(\bar{y}_i,z)$, d.h. der im Zeitablauf durchschnittlichen Armutslage von Merkmalsträger i ist. Dabei wird jeweils von Funktionswerten $p(y_{it},z)$ bzw. $p(\bar{y}_i,z)$ ausgegangen, die bei zensierten Daten gemäß $y_{it}^* = \text{Min}\{y_{it}, z\}$, i = 1,...,n und t = 1,...,T bzw. $\bar{y}_i^* = \text{Min}\{\bar{y}_i, z\}$ ansetzen (vgl. (3) in Abschnitt 3). Zudem wird in einem Unabhängigkeitsaxiom unterstellt, dass es zwischen $p(y_{it},z)$ und $p(y_{it'},z)$ für $t \neq t'$ und auch zwischen $p(y_{it},z)$ und $p(\bar{y}_i,z)$ für t = 1,...,T keine Interaktionen gibt. Zusammen mit einem Monotonieaxiom und

einem Normierungsaxiom ergibt sich das Maß $P(\mathbf{y}_i',z)$, i = 1,...,n dann notwendig als **gewichtetes arithmetisches Mittel** von $p(y_{it},z)$, t = 1,...,T und $p(\bar{y}_i,z)$. Werden zudem die Gewichte der $p(y_{it},z)$ als in t = 1,...,T nicht steigend unterstellt, wird daneben durch eine geeignete Wahl der Gewichte abgebildet, dass chronische Armut sich durch zeitlich nahe beieinander liegende Armutsteilperioden auszeichnet, dann lassen sich für das Maß $P(\mathbf{y}_i',z)$, i = 1,...,n Ordnungsäquivalenzen wie in Abschnitt 23 herstellen.
Die **Aggregation** der $P(\mathbf{y}_i',z)$ über die Merkmalsträger i = 1,...,n erfolgt bei Hoy und Zheng (2008) schließlich pfadunabhängig, d.h. neben der bereits dargestellten additiven Zerlegbarkeit bezüglich der Teilperioden t = 1,...,T wird eine entsprechende Zerlegbarkeit auch bezüglich der Merkmalsträger i = 1,...,n unterstellt (vgl. dazu Teil II a), Abschnitt 6). Statt mit der Bestimmung zeitbezogener individueller Armutsmaße zu beginnen, kann daher auch zuerst $p(y_{it},z)$ auf eine bestimmte Teilperiode t (t = 1,...,T) bezogen über alle Merkmalsträger i (i = 1,...,n) aggregiert werden. Als (n,1)-Datenbasis dient dann der Vektor $\mathbf{y}_t = (y_{1t},...,y_{nt})'$ für t = 1,...,T. Mit der Bezeichnung $P^{HZ}(\mathbf{Y},z)$ ist das **Gesamtmaß** von **Hoy und Zheng** (2008) damit unterschiedlich zu schreiben, z.B. als **Summe** der $P(\mathbf{y}_i',z)$ für i = 1,...,n und damit wegen des Bezugs auf die Gesamtzahl der Merkmalsträger als eher absolutes Armutsmaß (vgl. die Diskussion des Axioms TI in Abschnitt 18 und Abschnitt 20). Dabei bezeichnet die (n,T)-Matrix **Y** die Zusammenfassung der individuellen (1,T)-Datenbasen $\mathbf{y}_i'$, i = 1,...,n bzw. der zeitbezogenen (n,1)-Datenbasen $\mathbf{y}_t$, t = 1,...,T zu einer **Gesamtdatenbasis** (vgl. Teil II a), Abschnitt 1). Auf Grund der Pfadunabhängigkeit lassen sich schließlich die erwähnten Ordnungsäquivalenzen auch für das Gesamtmaß $P^{HZ}(\mathbf{Y},z)$ gewinnen.
Die (n,T)-Datenbasis **Y** ist derjenigen in der mehrdimensionalen Armutsmessung in Teil II vergleichbar. Dementsprechend lassen sich mit Foster (2009) dann auch dafür konzipierte Axiome auf die zeitbezogene eindimensionale Armutsmessung übertragen. So ist das bei Foster (2009) eingeführte Transferaxiom für chronische Armut gerade das in Abschnitt 8 von Teil II a) vorgestellte Transferaxiom T, angewendet auf die als chronisch arm eingestuften Merkmalsträger statt auf die zumindest in einer von mehreren Armutsdimensionen armen Merkmalsträger.
Bossert et al. (2010) vernachlässigen den retrospektiven Aspekt vorliegender Armut. Das vorrangige Interesse gilt dort auch nicht chronischer Armut, sondern der **Persistenz** von Armut. Unter der Annahme, dass negative Effekte von Armut kumulativ sind, werden aufeinander folgende Armutsteilperioden mit ihrer jeweiligen Anzahl gewichtet. Die Datenbasis ist als (n,T)-Matrix **Y** jetzt auf die Einkommensvariable Y_t, t = 1,...,T ausgerichtet. Mit der Armutsgrenze z ergibt sich für t = 1,...,T und i = 1,...,n die jeweilige individuelle Armutslage als $p(y_{it},z) = (z - y_{it}^*)/z$, also als zensierte relative Einkommenslücke (vgl. Abschnitt 3 in Teil II a). Das zeitbezogene **individuelle Armuts-**

maß $P(\mathbf{y}_i',z)$ ist dann als die mit den genannten Anzahlen **gewichtete Summe** der $p(y_{it},z)$, $t = 1,\dots,T$ definiert. Auf Grund der Gewichtung muss diese Summe nicht im Intervall [0,1] liegen. Das Maß $P(\mathbf{y}_i',z)$ erweist sich als axiomatisierbar, genügt es doch als einziges folgenden Axiomen: Die Ein-Perioden-Äquivalenz fordert, dass bei $T = 1$ gerade $P(\mathbf{y}_i',z) = p(y_{i1},z)$, $i = 1,\dots,n$ gilt. Mit der durchschnittsbezogenen Zerlegbarkeit über mehrere Teilperioden kommt die Anzahl aufeinander folgender Armutsteilperioden ins Spiel. Es soll demgemäß $P(\mathbf{y}_i',z) = t\, P(\mathbf{y}_i^{t\prime},z)/T + (T - t)\, P(\mathbf{y}_i^{T-t\prime},z)/T$ für $t < T$ und $i = 1,\dots,n$ gelten, wenn $p(y_{it},z) = 0$ oder $p(y_{i,t+1},z) = 0$. Darin bezeichnet $(\mathbf{y}_i^{t\prime}, \mathbf{y}_i^{T-t\prime})$ die Aufteilung des (1,T)-Vektors $\mathbf{y}_i'$ in Teilvektoren mit den ersten t bzw. letzten $T - t$ Elementen. Schließlich wird noch für $t < T$ und $i = 1,\dots,n$ die additive Zerlegbarkeit für einzelne Teilperioden gemäß $P(\mathbf{y}_i',z) = P(\mathbf{y}_i^{t\prime},z) + P(\mathbf{y}_i^{T-t\prime},z)$ gefordert.
Die Aggregation zum **Gesamtmaß** $P^B(\mathbf{Y},z)$ erfolgt bei **Bossert et al.** (2010) über das einfache **arithmetische Mittel** der individuellen Maße $P(\mathbf{y}_i',z)$, $i = 1,\dots,n$. Auch dieser Ansatz ist axiomatisierbar. Grundlage dafür sind ein einfaches Monotonieaxiom, ein Anonymitätsaxiom bezogen auf Veränderungen individueller Armut sowie ein Axiom mittlerer kritischer Niveaus. Letzteres verlangt, das das durch $P^B(\mathbf{Y},z)$ für n Merkmalsträger ausgewiesene Ausmaß an Armut unverändert bleibt, wenn ein zusätzlicher Merkmalsträger mit dem mittleren Armutsniveau der anderen Merkmalsträger als kritischem individuellem Armutsniveau aufgenommen wird.
Soweit dargestellt, ist das zeitbezogene Armutsmaß $P^B(\mathbf{Y},z)$ von Bossert et al. (2010) wie das Maß $P^{HZ}(\mathbf{Y},z)$ pfadunabhängig. In einer empirischen Anwendung präferieren Bossert et al. (2010) aber zuerst die **Aggregation** über die Zeit, also die Bildung der individuellen Maße $P(\mathbf{y}_i',z)$ für $i = 1,\dots,n$. Dazu wird dann auch über die Bildung von Potenzen $p(y_{it},z) = ((z - y_{it}^*)/z)^{1+\varepsilon}$ mit $\varepsilon > 0$ Bezug auf die Armutsmessung von Foster et al. (1984) genommen (vgl. (16) in Abschnitt 16).

27: Fuzzy-Ansatz

Der Fuzzy-Ansatz zur Armutsmessung ist dadurch gekennzeichnet, dass die einzelnen Merkmalsträger nicht mehr – wie in Abschnitt 4 gemäß der schwachen Definition von Armut – eindeutig als arm oder nicht arm klassifiziert werden können. Bei subjektiven Einflüssen auf die Festlegung einer Armutsgrenze z erscheint die bis hierher unterstellte eindeutige Zuordnungsmöglichkeit denn auch als vermessen. Entsprechend geht der Fuzzy-Ansatz von einer vagen, d.h. unscharfen Zugehörigkeit und damit von bestimmten Zugehörigkeitsgraden der Merkmalsträger zur Gruppe der Armen aus (vgl. Schaich und Münnich (1996)). Wird ein solcher Grad als Funktion f des Einkommens Y definiert, muss für die Elemente der (n,1)-Datenbasis **y** aus (1) $f(y_i) \in [0,1]$, $i = 1,\dots,n$ gelten. Mit der schwachen Definition von Armut ergibt sich als Spezialfall für die $q \leq n$ armen Merkmalsträger $f(y_j) = 1$ für $j = 1,...,q$, weil jeweils $y_j < z$. Für die nicht armen Merkmalsträger findet sich wegen $y_i \geq z$ dann entsprechend $f(y_i) = 0$ für $i = q + 1,...,n$. Damit liegt das **Fuzzy-Armutsmaß**, das immer als **arithmetisches Mittel** der **Zugehörigkeitsgrade** $f(y_i)$, $i = 1,...,n$ definiert wird, in diesem Fall bei $P(\mathbf{y},z) = H$, also dem head count ratio aus (7) in Abschnitt 10.

Unscharfe Armutsmaße verlangen aber nach einem stärker spezifiziertem Zugehörigkeitsgrad. So kann z.B. zwischen verschiedenen positiven reellen Armutsgrenzen z_1 und z_2 mit $z_1 < z_2$ unterschieden werden. Wenn sich z_1 auf ein grundlegendes Konsumniveau bezieht, kann z_2 einen aus relativen Betrachtungen erhaltenen Mindestlebensstandard kennzeichnen. Für das Einkommen y_i, $i = 1,...,n$ ist dann offensichtlich $f(y_i) = 1$ zu setzen, falls $y_i < z_1$, entsprechend $f(y_i) = 0$, falls $y_i \geq z_2$. Für das Intervall $[z_1,z_2)$ gilt es schließlich, $f(y_i)$ betreffend, einen geeigneten Funktionsterm zu finden, bei dem nach Möglichkeit Stetigkeit an den Intervallgrenzen gegeben ist. Wird der unrealistische Fall von $z_1 = 0$ unterstellt, gestaltet sich diese Aufgabe einfach. Denn in einem solchen Fall kann die obere Armutsgrenze z_2 mit der zuvor genutzten Armutsgrenze z identifiziert werden. Der Zugehörigkeitsgrad im Intervall $(0,z)$ ist dann für Merkmalsträger i ($i = 1,...,n$) z.B. durch den Term $p(y_i,z)$ einer individuellen Armutsfunktion wie in Abschnitt 17 definiert. Wird der Ansatz von Foster et al. (1984) betrachtet, heißt das mit Bezug auf die zensierte Datenbasis aus (3) in Abschnitt 3: $f(y_i) = p(y_i,z) = ((z - y_i^*)/z)^{1+\varepsilon}$, $\varepsilon > 0$ und $i = 1,...,n$ (vgl. (16) in Abschnitt 16). Hier gilt dann auch, dass sich $f'(y_i)$ sich dem Wert Null nähert, wenn sich y_i von unten der Armutsgrenze z nähert. Als Fuzzy-Armutsmaß ergibt sich damit gerade das Maß $P^F(\mathbf{y},z)$ von Foster et al. (1984). Gewonnen ist damit nur die alternative Fuzzy-Darstellung eines bereits vorhandenen Armutsmaßes. Formal findet sich keine Veränderung, so dass natürlich die axiomatische Einordnung von $P^F(\mathbf{y},z)$ aus Abschnitt 17 vollständig erhalten bleibt.

Andere Armutsmaße wie das von Kockläuner (1998) oder die Sen-Maße aus Abschnitt 10 sind in den individuellen Armutsfunktionen bzw. den Einkommen nicht linear bzw. rangabhängig. Damit liegt hier keine additive Zerlegbarkeit vor (vgl. Abschnitt 17). Als Folge lassen sich für diese Maße keine entsprechenden Zugehörigkeitsgrade definieren. Die Fuzzyfizierung scheitert demnach in diesen Fällen.

Wird zum realistischen Fall $z_1 > 0$ übergegangen, muss für das Intervall $[z_1,z_2)$ der jeweilige **Zugehörigkeitsgrad** zur Gruppe der armen Merkmalsträger geeignet definiert werden. Für den Ansatz von Foster et al. (1984) kann dies, den Merkmalsträger i ($i = 1,...,n$) betreffend, über

$$f(y_i) = p(y_i,z) = (1 - (y_i - z_1)/(z_2 - z_1))^{1+\varepsilon},\ \varepsilon > 0 \text{ und } z_1 \leq y_i < z_2 \qquad (30)$$

geschehen (vgl. Schaich und Münnich (1996)). Der Zugehörigkeitsgrad f ist nach (30) im Intervall $[z_1,z_2)$ konvex und monoton fallend. Die durch (30) definierte Funktion ist jedoch an der Stelle $y_i = z_1$ nicht differenzierbar. Das **Fuzzy-Armutsmaß** $P(\mathbf{y},z_1,z_2)$, das arithmetische Mittel der so definierten Zugehörigkeitsgrade $f(y_i)$, $i = 1,...,n$ genügt bei $f(y_i) = 1$ und damit konstant im Intervall $(0,z_1)$ dann auch nicht mehr grundlegenden Axiomen der Armutsmessung wie dem Axiom der Skaleninvarianz SI, dem Axiom starker Transfers ST oder dem Axiom schwacher Transfersensitivität SchTS (vgl. Abschnitt 18). Auch wenn Schaich und Münnich (1996) alternative Funktionsvorschläge für den Zugehörigkeitsgrad f machen, die an der Stelle $y_i = z_1$ für $i \in \{1,...,n\}$ die erwünschte Bedingung $f'(y_i) = 0$ erfüllen, sind der Fuzzyfizierung von Armutsmaßen damit Grenzen gesetzt.
Prinzipiell lässt sich der hier vorgestellte und auf Funktionsmodelle für Zugehörigkeitsgrade ausgerichtete Fuzzy-Ansatz auf die mehrdimensionale Armutsmessung übertragen. Im diesbezüglichen Teil II c) wird aber ein rein datenabhängiger Zugehörigkeitsansatz zur Gruppe der armen Merkmalsträger präsentiert.

28: Armutsmessung ohne Replikationsinvarianz
Das Axiom der Replikationsinvarianz RI verlangt für relative Armutsmaße $P(\mathbf{y},z)$, dass sich das Ausmaß von Armut nicht verändert, wenn sich die Datenbasis $\mathbf{y}$ vervielfacht, damit der Anteil armer Merkmalsträger $H = q/n$ konstant bleibt (vgl. z.B. Abschnitt 18). Nun kann aber im Gegensatz zum Axiom RI auch begründet gefordert werden, dass für konstantes head count ratio H das Maß $P(\mathbf{y},z)$ sinken soll, wenn die Anzahl q armer Merkmalsträger sinkt. Schließlich sinkt damit, wenn z.B. alle armen Merkmalsträger über eine identische Einkommenslücke verfügen, das absolute Ausmaß an Armut. Die entsprechende Forderung soll nachfolgend als **Axiom AW** aufgefasst werden. Denn wird auf die Annahme eines konstanten H darin verzichtet, ergibt sich daraus das in Abschnitt 18 vorgestellte Axiom des Armutswachstums. Dieses steht dort dem Axiom des Nichtarmutswachstums NAW gegenüber, welches verlangt, dass für eine konstante Zahl q armer Merkmalsträger das Maß $P(\mathbf{y},z)$ sinkt, wenn H und damit der Anteil armer Merkmalsträger sinkt. Im Gegensatz zu den in Abschnitt 18 geschilderten Problemen bei gleichzeitiger Forderung des Axioms NAW und des Axioms des Armutswachstums lassen sich, wie Chakravarty et al. (2006) zeigen, das Axiom NAW und das hier neu eingeführte Axiom AW mit dem Kernaxiom regressiver Transfers vereinbaren. Sollen demzufolge nachfolgend Armutsmaße $P(\mathbf{y},z)$ betrachtet werden, die dem Axiom AW genügen, ist das bisher als Kernaxiom angesehene Axiom der Replikationsinvarianz zurückzustellen.
So ersetzen **Chakravarty et al.** (2006) das Axiom RI durch ein Axiom der Strukturspezifikation. Dieses verlangt einerseits für Umfänge der Datenbasis

$\mathbf{y}$ von n bzw. m sowie von n + m, dass das Armutsmaß $P^{n+m}(\mathbf{y},z)$ eine ansteigende Funktion in den Argumenten $P^n(\mathbf{y},z)$ und $P^m(\mathbf{y},z)$ ist. Andererseits soll $P^n(\mathbf{y},z)$ für alle n eine ansteigende Funktion von der Summe auf geeignete Weise transformierter Einkommen y_i, i = 1,...,n und von der Armutsgrenze z sein. Zusammen mit dem Fokusaxiom F, dem Axiom der Skaleninvarianz SI, dem Anonymitätsaxiom A, dem Axiom ansteigender Armutsgrenze AAG, dem Stetigkeitsaxiom S, dem Axiom starker Monotonie SM sowie dem Axiom starker Transfers ST (vgl. jeweils Abschnitt 18) ergibt sich dann das **Armutsmaß**

$$P^{Ch1}(\mathbf{y},z) = \sum_{i=1}^{n} p(y_i, z) - \alpha n, \quad \alpha > 0 \tag{31}$$

wobei die individuellen Armutsfunktionen $p(y_i,z)$, i = 1,...,n bei zensierten Einkommen y_i^*, i = 1,...,n gemäß (3) ansetzen und wie z.B. beim Ansatz von Foster et al. (1984) mit $p(y_i,z) = ((z - y_i^*)/z)^{1+\varepsilon}$ für $\varepsilon > 0$ bezüglich y_i stetig, fallend und konvex sind. Für ein Maß wie (31) kann gezeigt werden, dass es dem Axiom AW genügt, wenn für die Konstante α gilt: $\alpha < H$. Zudem genügt das Maß $P^{Ch1}(\mathbf{y},z)$ dem Axiom NAW, wenn wie gefordert $\alpha > 0$.
Wird das genannte Axiom der Strukturspezifikation modifiziert, erfüllt aber auch ein anderes von **Chakravarty et al.** (2006) vorgestelltes **Armutsmaß** gleichzeitig das Axiom AW und das Axiom NAW. Dieses ist wie folgt definiert:

$$P^{Ch2}(\mathbf{y},z) = \sum_{i=1}^{n} p(y_i, z)/n^{\beta}, \quad 0 < \beta < 1. \tag{32}$$

Der Ansatz (31) ist jedoch dem aus (32) gegenüber vorzuziehen, weil für letzteren gilt: „the direction of change in poverty, as measured by this index, due to an increase in the number of poor may not be unambigous" (vgl. Chakravarty et al. (2006, S.480)).
Hassoun und Subramanian (2010) halten im Gegensatz zu Chakravarty et al. (2006) nicht am Axiom NAW fest. Stattdessen wird zusätzlich zum einkommensbezogenen Fokusaxiom F (vgl. Abschnitt 8) ein weiteres Populationsfokus genanntes Axiom gefordert. Dieses verlangt, dass für eine konstante Zahl q armer Merkmalsträger das Armutsmaß $P(\mathbf{y},z)$ konstant bleibt, wenn H und damit der Anteil armer Merkmalsträger sinkt. Damit darf weder das Einkommen noch die Anzahl n – q der nicht armen Merkmalsträger eine Rolle für die Armutsmessung spielen. Es zählt dann vorrangig die absolute Armut der q armen Merkmalsträger. Dieser konsequente Fokus auf die Armen hat allerdings Konsequenzen für das Axiom der Replikationsinvarianz RI. Wie

Hassoun und Subramanian (2006) zeigen, gibt es für Datenbasen **x** und **y** keine Quasiordnung, die gleichzeitig das Axiom RI, das Axiom starker Monotonie SM und das Axiom Populationsfokus erfüllt. Entsprechend gibt es auch keine Quasiordnung, die gleichzeitig das Axiom RI, das Axiom starker Transfers ST und das Axiom Populationsfokus erfüllt. Da das Axiom Populationsfokus aber den Nenner n des head count ratio H und damit die Bedeutung des Anteils armer Merkmalsträger in der Armutsmessung herabstuft, darf ein solches Axiom bei einer vorrangig relativen Armutsmessung nicht überbewertet werden. Die Entscheidung zwischen dem Axiom Populationsfokus und dem Axiom der Replikationsinvarianz RI fällt demnach für letzteres.

29: Starker versus schwacher Transfer

Das Axiom starker Transfers ST erweitert das Axiom schwacher Transfers SchT durch das Stetigkeitsaxiom S mit Stetigkeit insbesondere auch an der Armutsgrenze z (vgl. Abschnitt 13). Mit dem Unterschreiten der Armutsgrenze liegt Armut vor, ist also insbesondere die Inzidenz von Armut als eines der drei großen I der Armutsmessung verbunden (vgl. Abschnitt 5). Nach Bourguignon und Fields (1997, S.158) bedeutet dies neben einer entstehenden Einkommenslücke, dem „′**variable loss**′ from poverty," aber zusätzlich einen „′**fixed loss**′ **from poverty**." Soll dieser zusätzliche Verlust modelliert werden, das Vorhandensein von Armut demgemäß besonders betont werden, ist auf Stetigkeit an der Armutsgrenze z und damit auf das Axiom S zu verzichten. Bei regressiven oder progressiven Transfers, die mit Über- oder Unterschreitungen der Armutsgrenze verbunden sind, muss sich das betreffende Armutsmaß $P(\mathbf{y},z)$ dann sprunghaft verändern. Der diesbezügliche Vorschlag von **Bourguignon und Fields** (1997) setzt beim **Armutsmaß** $P^F(\mathbf{y},z)$ von Foster et al. (1984) (vgl. (16) in Abschnitt 16) wie folgt an:

$$P^{BF}(\mathbf{y},z) = P^F(\mathbf{y},z) + \delta H, \quad \delta > 0. \tag{33}$$

Der Bezug auf das head count ratio $H = q/n$ sorgt in (33) für Unstetigkeit an der Armutsgrenze z. Der Parameter δ bestimmt dabei das Ausmaß des unterstellten „fixed loss." Für hinreichend großes δ ist das Maß $P^{BF}(\mathbf{y},z)$ im Gegensatz zum Maß $P^F(\mathbf{y},z)$ nicht mehr auf das Intervall [0,1] beschränkt. Für $\delta \geq 1$ gilt definitionsgemäß offensichtlich, dass $P^{BF}(\mathbf{y},z)$ sinkt, wenn bei einem regressiven Transfer der empfangende Merkmalsträger die Armutsgrenze z überschreitet, sich die Anzahl der armen Merkmalsträger dadurch von q vermindert auf q - 1. Den Vorrang der Verringerung des Summanden δH in (33) gegenüber der mit dem regressiven Transfer verbundenen Vergrößerung von $P^F(\mathbf{y},z)$ verbuchen Esposito und Lambert (2007) unter dem Titel rescue

axiom (vgl. dazu analog auch das in Abschnitt 11 für das Armutsmaß $P^S(\mathbf{y},z)$ von Sen (1976) vorgestellte Beispiel).
Da sich die Anzahl armer Merkmalsträger bei einem schwachen Transfer nicht verändert, das Maß $P^F(\mathbf{y},z)$ zudem das Axiom starker Transfers ST erfüllt, genügt das Maß $P^{BF}(\mathbf{y},z)$ aus (33) zumindest dem Axiom schwacher Transfers SchT (vgl. Abschnitt11). Es stellt sich nun aber die Frage, ob $P^{BF}(\mathbf{y},z)$ trotz Unstetigkeit an der Armutsgrenze z in besonderen Fällen nicht doch die vom Axiom ST geforderte Reaktion zeigen kann, nämlich bei jedem regressiven Transfer einen Anstieg aufzuweisen. Wie Esposito und Lambert (2007) nachweisen, ist dies für hinreichend kleines δ möglich. Die betreffende Möglichkeit ergibt sich aber nicht allgemein, sondern nur abhängig von der jeweils vorliegenden Datenbasis **y**. Entsprechendes gilt auch hinsichtlich des Parameters ξ für das intermediäre Armutsmaß $P^{Ko}(\mathbf{y},z,\xi)$ von Kockläuner (2006) aus (26) in Abschnitt 21 sowie ein bei Zheng (1999, S.368) aufgeführtes Maß, das im Gegensatz zu Foster et al. (1984) mit der individuellen Armutsfunktion $p(y_i,z) = (c - y_i^*/z)^{1+\varepsilon}$, $c > 1$ und $\varepsilon > 0$ für $i = 1,...,n$ arbeitet. Beide Maße genügen dem Axiom SchT, aber nicht dem Axiom ST.
Auch wenn die Geschichte der Armutsmessung mit intensiven Diskussionen, teilweise auch Verwirrungen um verschiedene Transferaxiome verbunden ist, muss das Axiom starker Transfers ST in den Fällen, in denen von Armutsmaßen nicht Intermediarität verlangt wird, heute als allgemein akzeptiert gelten. Interessanter, was die Veränderung der Anzahl q armer Merkmalsträger betrifft, erscheinen da die Überlegungen in Zusammenhang mit dem Axiom AW in Abschnitt 28.

30: Ergänzungen

In Abschnitt 1 ist davon ausgegangen worden, dass die Datenbasis der Armutsmessung sich auf direkt vergleichbare Merkmalsträger bezieht. Ist dies nicht der Fall, sind **Äquivalenzskalen** einzuführen, über die zuvor fehlende direkte Vergleichbarkeit hergestellt werden kann. Eine grundlegende Analyse dieses Themas bietet Ebert (2010).
Die Darstellung in Abschnitt 10 bis Abschnitt 16 hat sich auf die Entwicklung wesentlicher relativer Armutsmaße beschränkt, die Schritt für Schritt immer weiteren Kernaxiomen der Armutsmessung genügen. Daher gilt es jetzt, zusätzlich andere Ansätze vorzustellen. Erstmals in **Esposito und Lambert** (2007) präsentiert, später ausführlich untersucht in Bosmans et al. (2009) ist das **Armutsmaß**

$$P^{EL}(\mathbf{y},z) = \frac{1}{n}\sum_{j=1}^{q} z / y_j \,. \qquad (34)$$

Das Maß $P^{EL}(\mathbf{y},z)$ aus (34) kann als Grenzwert der Summe von Armutsmaßen $P^F(\mathbf{y},z)$ nach Foster et al. (1984) (vgl. (16) in Abschnitt 16) dargestellt werden, wobei der Parameter ε die Werte –1, 0, 1,.... und die weiteren natürlichen Zahlen bis Unendlich durchläuft. Dabei steigt mit ε jeweils der Anteil $((z - y_1^*)/z)^{1+\varepsilon}/(nP^F(\mathbf{y},z))$ des armen Merkmalsträgers 1, d.h. nach (1) in Abschnitt 1 des Merkmalsträgers mit dem geringsten Einkommen am Gesamtmaß $P^F(\mathbf{y},z)$. Das Armutsmaß $P^F(\mathbf{y},z)$ konzentriert sich für großes ε also auf den Beitrag des ärmsten Merkmalsträgers. Damit trägt es insbesondere der mit Armut verbundenen **Ungerechtigkeit** Rechnung. Esposito und Lambert (2007) bezeichnen diese daher als viertes I (injustice) der Armutsmessung (vgl. Abschnitt 5). Dieses I ist dann natürlich auch im Maß $P^{EL}(\mathbf{y},z)$ entsprechend abgebildet.
Nach Foster und Shorrocks (1991) muss die individuelle Armutsfunktion in einem Armutsmaß $P(\mathbf{y},z)$, das dem Axiom der Skaleninvarianz SI, dem Stetigkeitsaxiom S und dem Axiom der Untergruppenkonsistenz UK (vgl. Abschnitt 18) genügt, von der Form $p(y_i,z) = f(y_i^*/z)$ sein für geeignetes f, d.h. f stetig und nicht steigend im zensierten Einkommen y_i^*, $i = 1,...,n$ (vgl. (3) in Abschnitt 3). Offensichtlich ist $p(y_j,z) = z/y_j$, $j = 1,...,q$ in (34) eine solche Funktion. Das Maß $P^{EL}(\mathbf{y},z)$ genügt daher unter anderem den genannten Axiomen.
Das gilt auch für das **Armutsmaß von Watts** (1968) in der Form

$$P^W(\mathbf{y},z) = \frac{1}{n}\sum_{j=1}^{q} \ln(z/y_j)\,. \tag{35}$$

Das Maß $P^W(\mathbf{y},z)$ aus (35) ist aber im Gegensatz zu (34) informationstheoretisch motiviert. Demzufolge lässt es sich abhängig von einem Mitglied der allgemeinen Entropieklasse von **Ungleichheitsmaßen nach Theil** (1967) schreiben (vgl. die alternativen Ungleichheitsmaße in Abschnitt 6 und Abschnitt 7). Diese Klasse ist abhängig von einem nicht negativen reellen Parameter α für Armeneinkommen y_j, $j = 1,...,q$ wie folgt definiert:

$$GE(\alpha) = \frac{1}{\alpha^2 - \alpha}\left(\frac{1}{q}\sum_{j=1}^{q}\left(\frac{y_j}{\bar{y}_A}\right)^{\alpha} - 1\right). \tag{36}$$

In (36) bezeichnet $\bar{y}_A$ das arithmetische Mittel der Armeneinkommen. Die Klasse der Ungleichheitsmaße GE(α) ist deshalb interessant, weil sie durch die Forderung von Axiomen der Skaleninvarianz, der Replikationsinvarianz, des minimalen Transfers und der additiven Zerlegbarkeit, jeweils für Ungleichheitsmaße definiert, bestimmt wird (vgl. Cowell (2011, S.66)). Für den

Grenzwert $\alpha = 0$ findet sich dann der in (35) eingehende Fall GE(0) = $(1/n)\sum_{j=1}^{q}\ln(\bar{y}_A / y_j)$ (vgl. das geometrische Mittel als Grenzwert in Abschnitt 7 und Chakravarty (2009, S.64f)).
Das Armutsmaß $P^W(\mathbf{y},z)$ aus (35) darf nicht mit dem **Armutsmaß von Hagenaars** (1987) verwechselt werden. Letzteres geht von Nutzenfunktionen aus und benutzt speziell den natürlichen Logarithmus als Funktionsterm für die Bewertung der zensierten Einkommen y_i*. i = 1,...,n und der Armutsgrenze z. Es ergibt sich die folgender Darstellung:

$$P^H(\mathbf{y},z) = 1 - \frac{\frac{1}{n}\sum_{i=1}^{n}\ln y_i^*}{\ln z}. \qquad (37)$$

Für das Maß $P^H(\mathbf{y},z)$ ist zu beachten, dass es weder ein relatives noch ein absolutes, aber auch kein intermediäres Maß (vgl. Abschnitt 21) ist. Wird für den Ansatz aus (37) zusätzlich das Axiom der Skaleninvarianz gefordert, ergibt sich das bereits in Abschnitt 17 eingeführte Armutsmaß von Chakravarty (1983).
Ist Armut identifiziert, das Ausmaß von Armut festgestellt, auch die Ungleichheit unter den Armen erfasst (vgl. die drei I in Abschnitt 5), müssen Maßnahmen zur Unterstützung der Armen ergriffen werden. Was in einem solchen Fall konkret „pro-poor" heißt, diskutiert auch anhand von diesbezüglichen Axiomen Duclos (2009). Natürlich kann auch nach entsprechenden Maßnahmen die Vulnerabilität, d.h. Anfälligkeit für bzw. Verletzbarkeit durch Armut bestehen bleiben. Wie Vulnerabilität entscheidungstheoretisch zu fassen ist, zeigen ebenfalls auf Axiomen basierend Dutta und Foster (2010).

Teil II: Mehrdimensionale Armutsmessung

a) Quantitative Merkmale

1: Datengrundlage

Armut ist ein notwendig multidimensionales Konstrukt, das zumindest die Bereiche Lebensqualität, Gesundheit und Bildung umfasst. Demzufolge sollte die Datenbasis für eine Armutsmessung nicht nur – wie in Teil I – Beobachtungen einer die Lebensqualität bestimmenden Einkommensvariable enthalten. So machten die Vereinten Nationen in ihren Berichten über menschliche Entwicklung (vgl. UNDP (2008)) bis zum Jahr 2009 Armut neben dem Einkommen z.B. an der Lebenserwartung fest, erfassen menschliche Entwicklung heute auch über die Schulbesuchsdauer (vgl. UNDP (2010)). Die genannten Variablen bilden quantitative Merkmale. Demzufolge besteht die Datenbasis einer darauf bezogenen multidimensionalen Armutsmessung aus jeweils $n \geq 3$ Beobachtungen (vgl. S.3) von $k \geq 2$ quantitativen **reell**en Variablen Y_j, $j = 1,...,k$. Diese Variablen bilden die jeweiligen **Armutsdimensionen**. Ihre Beobachtungen lassen sich als Elemente y_{ij}, $i = 1,...,n$ und $j = 1,...,k$ einer (n,k)-Matrix $\mathbf{Y}$ auffassen. Deren (n,1)-Spaltenvektoren $\mathbf{y_j}$ bilden danach die Datenbasis für das Merkmal Y_j, $j = 1,...,k$. Die (1,k)-Zeilenvektoren $\mathbf{y_i}'$ bilden in der Datenmatrix $\mathbf{Y}$ die Datenbasis für den Merkmalsträger i ($i = 1,...,n$). Wie in Teil I soll auch hier davon ausgegangen werden, dass alle Beobachtungen **positiv** sind und sich auf vergleichbare Merkmalsträger beziehen. Auf die größenbezogene Anordnung von Merkmalswerten muss aber wegen der Multidimensionalität der Datengrundlage verzichtet werden. Die Datenbasis für eine quantitative multidimensionale Armutsmessung ist damit durch die Matrix

$$\mathbf{Y} = (y_{ij}) \quad \text{mit } y_{ij} > 0 \text{ für } i = 1,...,n \text{ und } j = 1,...,k \qquad (1)$$

gegeben.

2: Armutsgrenzen

Für die multidimensionale Armutsmessung sind die Elemente der Datenbasis $\mathbf{Y}$ aus (1) mit einer jeweils merkmalsspezifischen Armutsgrenze zu vergleichen. Diese Armutsgrenzen z_j, $j = 1,...,k$ für die Merkmale Y_j, $j = 1,...,k$ sollen analog zu Teil I **positive reelle absolute** Grenzen sein. Natürlich können solche Grenzen nicht ohne Bezug auf auch relative Vergleiche festgelegt werden. Auch subjektive Einflüsse sind bei solchen Festlegungen nicht auszuschließen. Wenn diese Grenzen aber einmal bestimmt sind, sollen sie als gesetzte **Konstanten** für zumindest den Untersuchungszeitraum betrachtet werden. Zusammen bilden diese Grenzen dann den (1,k)-Vektor

$$\mathbf{z}' = (z_1,...,z_k) \quad \text{mit} \quad z_j > 0, j = 1,...,k. \tag{2}$$

3: Relative Merkmalslücken

Sind die Armutsgrenzen aus (2) bestimmt, kann über den Vergleich der Datenbasis (1) mit diesen Grenzen ermittelt werden, welche Merkmalsträger als arm zu gelten haben. Für jedes einzelne Merkmal Y_j, j = 1,...,k bietet sich dazu die Berechnung absoluter Merkmalslücken analog zu den Einkommenslücken in Abschnitt 3 von Teil I an. Sollen solche Lücken aber in der Folge für unterschiedliche Merkmale verglichen werden, sind die in der Regel unterschiedlichen Merkmalsdimensionen zu berücksichtigen. Vorliegende Dimensionsunterschiede lassen sich durch eine merkmalsspezifische Standardisierung beseitigen. Da standardisierte Merkmalswerte aber im Vergleich zu nicht standardisierten Beobachtungen schwieriger zu interpretieren sind, sollen hier stattdessen ausschließlich relative Merkmalslücken untersucht werden. Diese ergeben sich aus der Datenbasis **Y** in (1) und dem Vektor $\mathbf{z}'$ von Armutsgrenzen aus (2) **zensiert** als Elemente der (n,k)-Matrix

$$\mathbf{P}^* = (p_{ij}^*) \quad \text{mit} \quad p_{ij}^* = \text{Max}\{(z_j - y_{ij})/z_j, 0\}, \quad i = 1,...,n \text{ und } j = 1,...,k. \tag{3}$$

Offensichtlich gilt für die Elemente der Matrix $\mathbf{P}^*$ in (3), dass $p_{ij}^* \in [0,1]$, i = 1,...,n und j = 1,...,k. Analog zur Zensierung der Merkmalslücken lässt sich natürlich auch die Datenbasis **Y** aus (1) selbst zensieren. Die **zensierte Datenbasis** besteht aus zensierten Merkmalswerten, d.h. Elementen der (n,k)-Matrix

$$\mathbf{Y}^* = (y_{ij}^*) = \text{Min}\{y_{ij}, z_j\}, \quad i = 1,...,n \text{ und } j = 1,...,k. \tag{4}$$

Mit (4) lassen sich zensierte relative Merkmalslücken als Elemente von (3) in der Form $p_{ij}^* = (z_j - y_{ij}^*)/z_j$, i = 1,...,n und j = 1,...,k schreiben.

4: Definition von Armut

Wie bei der eindimensionalen Betrachtung in Teil I soll auch multidimensional Armut mit **positiven Merkmalslücken** verbunden sein. Es soll also wieder die **schwache Definition von Armut** zur Anwendung kommen. Danach gilt der Merkmalsträger $i \in \{1,...,n\}$ als arm, wenn es in seinem Datenvektor $\mathbf{y}_i'$ mindestens ein $j \in \{1,...,k\}$ mit $y_{ij} < z_j$ gibt. Um zu den armen Merkmalsträgern zu gehören, muss der Merkmalsträger $i \in \{1,...,n\}$ also lediglich **in einer** der k **Armutsdimensionen** und nicht in mehreren oder sogar in allen dieser Dimensionen arm sein. Diese Definition von Armut wird in der Lite-

ratur auch „union“-Definition genannt. Natürlich verlangt das Vorliegen multidimensionaler Armut Armut in mehr als einer Variable. Armut in allen k Armutsdimensionen ist dann mit einer Zeile ausschließlich positiver Elemente in der Matrix **P*** aus (3) verbunden.
Folgendes Beispiel illustriert das Gesagte: Mit n = k = 3 und dem (1,k)-Vektor $\mathbf{z}' = (3, 3, 3)$ von Armutsgrenzen gemäß (2) findet sich für die (n,k)-Datenbasis

$$\mathbf{Y} = \begin{pmatrix} 1 & 1 & 2 \\ 4 & 1 & 1 \\ 3 & 3 & 3 \end{pmatrix},$$ dass der erste Merkmalsträger in allen drei Variablen arm ist, der zweite nur in der zweiten und dritten Armutsdimension. Da im Gegensatz zur starken Definition gemäß der schwachen Definition von Armut Merkmalsträger $i \in \{1,...,n\}$ mit $y_{ij} = z_j$ für mindestens ein $j \in \{1,...,k\}$ und gegebenenfalls $y_{ij} > z_j$ sonst nicht als arm einzustufen sind, gehört der dritte Merkmalsträger hier nicht zur Gruppe der Armen.
Für den zweiten Merkmalsträger des Beispiels ist zu entscheiden, ob es möglich ist, in einer der anderen Dimensionen vorhandene Armut durch Substitution mit der ersten Variable, für die keine Armut gegeben ist, zu lindern. So könnte z.B. ein über der zugehörigen Armutsgrenze liegendes Einkommen dazu genutzt werden, eine Merkmalslücke bei der Variable Schulbesuchsdauer zu verkleinern. In der Realität vieler Entwicklungsländer fehlt aber gerade ein genügend großes Einkommen, um die Armutsgrenze der Schulbesuchsdauer zu erreichen. Entsprechend wird in der Literatur auch in Zusammenhang mit der Variable Lebenserwartung der Fall eines alten Bettlers diskutiert (vgl. z.B. Tsui (2002, S.74)).
So sollen hier für alle Merkmalsträger Substitutionsmöglichkeiten zwischen Merkmalen, in denen diese nicht arm sind und solchen, in denen diese gleichzeitig arm sind, ausgeschlossen werden. Die betreffenden Merkmale sind dann in gewissem Sinn komplementär zueinander. Damit ist einerseits ein Fokus auf die Armut gelegt, andererseits sind für alle Merkmalsträger entsprechende Substitutionen zwischen Merkmalen, in denen sie gleichzeitig arm sind, noch zugelassen (vgl. Abschnitt 8).

5: Fokus auf die Armen

Der in Abschnitt 4 benannte Fokus auf die Armen verlangt: Elemente y_{ij}, i = 1,...,n und j = 1,...,k der Datenbasis **Y** aus (1), für die $y_{ij} \geq z_j$ gilt, die also mindestens so groß sind wie die zugehörige Armutsgrenze im Vektor $\mathbf{z}'$ aus (2), dürfen nach der schwachen Definition von Armut für die Armutsmessung keine Rolle spielen.
Da bei der multidimensionalen (relativen) Armutsmessung jedes **Armutsmaß** als Abbildung P des Paares $(\mathbf{Y},\mathbf{z}')$ aus der Datenbasis **Y** als Element aus der Menge von möglichen Datenbasen und dem Vektor der Armutsgrenzen $\mathbf{z}'$

als Element aus der Menge von möglichen entsprechenden Vektoren in das Intervall [0,1] zu definieren ist, muss also gelten:

Axiom F: P(**X**,**z**′) = P(**Y**,**z**′), wenn in den Datenbasen **X** und **Y** die Merkmalsträger $i \in \{1,...,n\}$ mit positiven Merkmalslücken identisch sind und für diese Merkmalsträger die Elemente von $\mathbf{x}_i'$ und $\mathbf{y}_i'$, die unter der jeweiligen Armutsgrenze aus **z**′ liegen, jeweils übereinstimmen.

Das **Fokusaxiom** F setzt gleich dimensionierte Datenbasen **X** und **Y** voraus. Es garantiert, dass Veränderungen von Merkmalswerten y_{ij}, $i = 1,...,n$ und $j = 1,...,k$ mit $y_{ij} \geq z_j$ sich solange nicht auf das vorhandene Ausmaß von Armut auswirken, wie für die entstehenden Merkmalswerte x_{ij} auch die Ungleichung $x_{ij} \geq z_j$ erfüllt ist. Reduziert sich also z.B. ein über der zugehörigen Armutsgrenze liegendes Einkommen auf eben diese Armutsgrenze, darf diese Reduktion keinen Einfluss auf das vorliegende Ausmaß von Armut haben.
Das Fokusaxiom F wird von Bourguignon und Chakravarty (1999) als **starkes** Fokusaxiom bezeichnet. Demgegenüber verlangt ein schwaches Fokusaxiom lediglich, dass das gemessene Ausmaß an Armut nicht von den Merkmalswerten derjenigen Merkmalsträger abhängt, die in keiner Dimension arm sind (vgl. auch Bourguignon und Chakravarty (2003)). Bei einem solchen Ansatz sind dann die in Abschnitt 4 angesprochenen Substitutionen zwischen Armuts- und Nichtarmutsdimensionen für alle armen Merkmalsträger erlaubt.

6: Aggregation

Die zensierten relativen Merkmalslücken $p_{ij}^* = (z_j - y_{ij}^*)/z_j$, $i = 1,...,n$ und $j = 1,...,k$ (vgl. Abschnitt 3) kennzeichnen **Inzidenz** und **Intensität** von Armut, gegebenenfalls auch Inequality (**Ungleichheit**) zwischen den verschiedenen Dimensionen von Armut oder zwischen einzelnen Merkmalsträgern, damit die drei I der Armutsmessung (vgl. Abschnitt 5 in Teil I). Jedes Armutsmaß P(**Y**,**z**′) muss diese nk zensierten Merkmalslücken nun auf eine bestimmte Weise aggregieren. Das kann einmal ohne besondere Beachtung des jeweiligen Merkmalsträgers und des jeweiligen Merkmals geschehen. In diesem Fall erfolgt die Messung multidimensionaler Armut in einem einzigen Schritt für die gesamte Datenbasis **Y** in (1).
Alternativ besteht aber auch die Möglichkeit, in einem ersten Schritt die Armutsmessung auf eines der k Merkmale bzw. einen der n Merkmalsträger zu beschränken. Letzteres bedeutet dann, mit der Erfassung multidimensionaler Armut für jeden einzelnen Merkmalssträger i ($i = 1,...,n$) zu beginnen. Dazu sind die für den jeweiligen Vektor $\mathbf{y}_i'$, $i = 1,...,n$ berechneten zensierten relativen Merkmalslücken zu aggregieren. Da der Vektor $\mathbf{y}_i'$ ein Zeilenvektor der Datenbasis **Y** ist, wird dieser Weg als „**row-first**"-Ansatz bezeichnet (vgl. Pattanaik et al. (2011)). Wird ein solcher Ansatz verfolgt, sind in einem

zweiten Schritt dann die für die einzelnen Merkmalsträger ermittelten individuellen Armutsmaße zu einem Gesamtmaß zu aggregieren.
Die umgekehrte Schrittfolge beginnt mit einer eindimensionalen Armutsmessung gemäß Teil I, jetzt aber getrennt für jedes der einzelnen Merkmale Y_j, j = 1,...,k. Für das Merkmal Y_j, j = 1,...,k wird dazu aus der Datenbasis **Y** der Spaltenvektor $\mathbf{y}_j$ benötigt. Die darauf bezogenen zensierten relativen Merkmalslücken sind dann in einem ersten Schritt zu aggregieren. Die diesbezügliche Vorgehensweise bekommt daher die Bezeichnung „**column-first**"-Ansatz (vgl. Pattanaik et al. (2011)). Der zweite Schritt umfasst hier dann die Notwendigkeit einer Aggregation der zuvor für einzelne Merkmale erhaltenen Armutsmaße zu einem Gesamtmaß.
Der zur Aggregation genutzte Weg kann offensichtlich Auswirkungen darauf haben, welchen Axiomen der multidimensionalen Armutsmessung ein Armutsmaß genügt.

7: Grundlegende Axiome der Armutsmessung

Nach Abschnitt 5 ist ein multidimensionales **Armutsmaß** eine Abbildung P des Paares $(\mathbf{Y},\mathbf{z}')$ mit der Datenbasis **Y** aus (1) als Element aus der Menge möglicher Datenbasen und dem Vektor der Armutsgrenzen $\mathbf{z}'$ aus (2) als Element aus der Menge möglicher entsprechender Vektoren in das Intervall [0,1]. Jedes solche Armutsmaß $P(\mathbf{Y},\mathbf{z}')$ muss als grundlegenden Anforderungen bestimmten Kernaxiomen genügen (vgl. Abschnitt 18 in Teil I).
Zuerst ist dabei das **Fokusaxiom** F als eines der Kernaxiome zu nennen. Armutsmessung muss einen Fokus auf die Armen richten (vgl. Abschnitt 5).

> **Axiom F**: $P(\mathbf{X},\mathbf{z}') = P(\mathbf{Y},\mathbf{z}')$, wenn in den Datenbasen **X** und **Y** die Merkmalsträger $i \in \{1,...,n\}$ mit positiven Merkmalslücken identisch sind und für diese Merkmalsträger die Elemente von $\mathbf{x}_i'$ und $\mathbf{y}_i'$, die unter der jeweiligen Armutsgrenze aus $\mathbf{z}'$ liegen, jeweils übereinstimmen.

Im Axiom F sollen die Datenbasen identisch dimensioniert sein. Nach dem Axiom F und der gewählten schwachen Definition von Armut (vgl. Abschnitt 4) beeinflussen Merkmalswerte, die mindestens so groß wie die jeweilige Armutsgrenze ausfallen, das zu ermittelnde Ausmaß an Armut nicht.
Da multidimensional ausschließlich relative Merkmalslücken betrachtet werden sollen, ist auch das **Axiom der Skaleninvarianz** SI zu fordern.

> **Axiom SI**: $P(\mathbf{Y\Lambda},\mathbf{z}'\mathbf{\Lambda}) = P(\mathbf{Y},\mathbf{z}')$ für $\mathbf{\Lambda} = \text{diag}(\lambda_1,...,\lambda_k)$ und $\lambda_j > 0$, j = 1,...,k.

Danach bleibt das multidimensionale Ausmaß an Armut $P(\mathbf{Y},\mathbf{z}')$ unverändert, wenn die Beobachtungen der Variable Y_j, j = 1,...,k in der Datenbasis und das

zugehörige Element z_j, j = 1,...,k des Vektors der Armutsgrenzen mit einer positiven reellen Konstante λ_j, j = 1,...,k multipliziert werden. Das Ergebnis einer Armutsmessung ist danach unabhängig von den für Armutsdimensionen gewählten Einheiten.
Natürlich ist jedes Armutsmaß geeignet zu normieren. Das **Normierungsaxiom** N verlangt:

Axiom N: P(**Y**,**z**′) = 0, wenn es keine positiven Merkmalslücken gibt.

Nach dem Axiom N soll vorliegende Armut mit positiven Werten des Armutsmaßes verbunden sein. In einer analog zu Abschnitt 18 in Teil I erweiterten Fassung kann auch gefordert werden: P(**Y**,**z**′) ist eine Funktion der Konstante c, wenn alle zensierten relativen Merkmalslücken gleich dieser Konstante c sind.
Weitere Kernaxiome sind das **Anonymitätsaxiom** A, das **Axiom ansteigender Armutsgrenzen AAG**, das **Axiom der Replikationsinvarianz** RI und das **Stetigkeitsaxiom** S.
Das Axiom A verlangt bei der multidimensionalen analog zur eindimensionalen Armutsmessung folgendes:

Axiom A: P(**Y**,**z**′) ist unabhängig davon, welche q ($1 \leq q \leq n$) Merkmalsträger positive Merkmalslücken aufweisen.

Gemäß Axiom A ist P(**Y**,**z**′) unabhängig von der Benennung der armen Merkmalsträger.
Bei vorliegender Armut in der Dimension j (j = 1,...,k) fordert das Axiom AAG, dass sich das Ausmaß vorliegender Armut vergrößert, wenn sich die zugehörige Armutsgrenze z_j vergrößert.

Axiom AAG: P(**Y**,**z**′) > P(**Y**,**z***′), wenn $z_j > z_j^*$ für mindestens ein j $\in \{1,...,k\}$.

Für das Axiom RI ist die (n,k)-Datenbasis **Y** l-fach (l > 1) zu replizieren. Es entsteht dadurch die (ln,k)-Datenbasis (**Y**′,...,**Y**′)′. Das Axiom RI verlangt nun, dass der Wert eines Armutsmaßes bei einer solchen l-Replikation unverändert bleibt.

Axiom RI: P(**Y**′,...,**Y**′)′,**z**′) = P(**Y**,**z**′).

Das Stetigkeitsaxiom S fordert für alle Armutsdimensionen Y_j, j = 1,...,k Stetigkeit auch an der Armutsgrenze z_j, j = 1,...,k.

Axiom S: $P(\mathbf{Y},\mathbf{z}')$ ist für festes $\mathbf{z}'$ stetig bezüglich $y_j \in (0,\infty)$ mit $j = 1,...,k$.

Mit der Stetigkeit eng verbunden ist das **Axiom starker Monotonie** SM (vgl. Abschnitt 18 in Teil I).

Axiom SM: $P(\mathbf{X},\mathbf{z}') < P(\mathbf{Y},\mathbf{z}')$, wenn für gegebenes $\mathbf{z}'$ die Datenbasis $\mathbf{X}$ aus der Datenbasis $\mathbf{Y}$ dadurch hervorgeht, dass für ein $y_{ij} < z_j$ mit $i \in \{1,...,n\}$ und $j \in \{1,...,k\}$ gilt: $x_{ij} = y_{ij} + \delta$ bei $\delta > 0$.

Gemäß Axiom SM soll das vorhandene Ausmaß an Armut sinken, wenn sich eine vorliegende (relative) Merkmalslücke verkleinert.
Da Transferaxiome im Fall multidimensionaler Armutsmessung verschiedene zu diskutierende Facetten aufweisen, sollen diese Axiome im folgenden Abschnitt 8 gesondert untersucht werden.
Dagegen ist das **Axiom der Untergruppenkonsistenz** UK problemlos auf den multidimensionalen Fall zu übertragen.

Axiom UK: $P(\mathbf{X},\mathbf{z}') < P(\mathbf{Y},\mathbf{z}')$ für $\mathbf{X} = (\mathbf{X}_1',\mathbf{X}_2')'$ und $\mathbf{Y} = (\mathbf{Y}_1',\mathbf{Y}_2')'$ mit $P(\mathbf{X}_1,\mathbf{z}') < P(\mathbf{Y}_1,\mathbf{z}')$ und $P(\mathbf{X}_2,\mathbf{z}') = P(\mathbf{Y}_2,\mathbf{z}')$.

Gemäß dem Axiom UK soll das insgesamt ausgewiesene Ausmaß an Armut sinken, wenn dies lediglich für eine Teilgruppe aller Merkmalsträger der Fall ist.
Schließlich ist noch das **Axiom des Nichtarmutswachstums** NAW zu betrachten. Dieses verlangt bei vorliegender Armut:

Axiom NAW: $P(\mathbf{X},\mathbf{z}') < P(\mathbf{Y},\mathbf{z}')$, wenn die (n+1,k)-Datenbasis $\mathbf{X}$ aus der (n,k)-Datenbasis $\mathbf{Y}$ durch hinzufügen eines Merkmalsträgers $i \notin \{1,...,n\}$ mit $y_{ij} \geq z_j$ für $j = 1,...,k$ hervorgeht.

Wird also die vorhandene Datenbasis um einen nicht armen Merkmalsträger erweitert, dann soll gemäß Axiom NAW das erfasste Ausmaß an Armut sinken.

8: Transferaxiome

Die Transferaxiome der eindimensionalen Armutsmessung lassen sich je nach Art der vorgenommenen Aggregation (vgl. Abschnitt 6) ohne weiteres auf den multidimensionalen Fall übertragen. Dies soll am Beispiel des Axioms starker Transfers ST (vgl. Abschnitt 13 in Teil I) und des Axioms schwacher Transfersensitivität SchTS (vgl. Abschnitt 15 in Teil I) gezeigt werden.

Wird zur Aggregation der „row-first-Ansatz" gewählt, kann die Formulierung des jeweiligen Axioms auf die (1,k)-Zeilenvektoren $\mathbf{y}_i'$, $i = 1,...,n$ der Datenbasis **Y** aus (1) (vgl. Abschnitt 1) ausgerichtet werden. Das **Axiom starker Transfers** ST verlangt bei für den Merkmalsträger $i \in \{1,...,n\}$ vorliegender Armut dann in Analogie zu Abschnitt 18 von Teil I:

Axiom ST: $P(\mathbf{x}_i',\mathbf{z}') < P(\mathbf{y}_i',\mathbf{z}')$, wenn der Vektor $\mathbf{x}_i'$ über einen progressiven Transfer aus dem Vektor $\mathbf{y}_i'$ hervorgeht, bei dem für das empfangende Merkmal Y_j, $j \in \{1,...,k\}$ gilt: $y_{ij} < z_j$.

In dieser Fassung ist das Axiom ST auf einen mehrdimensionalen Transfer zwischen Merkmalen Y_j, $j = 1,...,k$ ausgerichtet. Ein solcher Transfer erfordert Substitutionsmöglichkeiten zwischen den einzelnen Armutsdimensionen. Dabei muss das abgebende Merkmal nach Definition im Gegensatz zum empfangenden Merkmal nicht notwendig ein Merkmal sein, für das Armut gegeben ist. Ein solcher Fall ist aber gemäß Abschnitt 4 gerade auszuschließen. Im Ergebnis muss gemäß Axiom ST ein progressiver Transfer aber das vorliegende Ausmaß an Armut vermindern. Der Transfer selbst muss bei unterschiedlichen Dimensionen der betrachteten Merkmale relativ zur jeweiligen Armutsgrenze erfolgen (vgl. die nachfolgende Darstellung im Axiom SchTS).
Bei einem „column-first"-Ansatz kann dagegen für ein einzelnes Merkmal Y_j, $j = 1,...,k$ und den betreffenden (n,1)-Spaltenvektor $\mathbf{y}_j$ sowie die zugehörige Armutsgrenze z_j, $j = 1,...,k$ die Formulierung von Axiom ST aus Abschnitt 18 von Teil I direkt übernommen werden. Es ist dann also ein progressiver eindimensionaler Transfer zwischen zwei verschiedenen Merkmalsträgern zu betrachten.
Wird die Aggregation der zensierten relativen Merkmalslücken in einem einzigen Schritt vorgenommen, ist neben den erwähnten Transferarten auch eine Kombination davon denkbar. Das heißt dann z.B.: Ein bestimmter Merkmalsträger $i' \in \{1,...,n\}$ gibt bei vorhandenen Substitutionsmöglichkeiten zwischen Merkmalen einen positiven Betrag eines bestimmten Merkmals $Y_{j'}$, $j' \in \{1,...,k\}$ an einen anderen Merkmalsträger $i \in \{1,...,n\}$ ab, der damit seine Position in einem anderen Merkmal Y_j, $j \in \{1,...,k\}$ mit $y_{ij} < z_j$ verbessern kann.
Wird das **Axiom schwacher Transfersensitivität** SchTS analog zum Axiom ST für den „row-first"-Ansatz formuliert, ergibt sich in Analogie zu Abschnitt 18 von Teil I bei vorliegender Armut für den Merkmalsträger $i \in \{1,...,n\}$:

Axiom SchTS: $P(\mathbf{x}_i',\mathbf{z}') > P(\mathbf{w}_i',\mathbf{z}')$, wenn die Vektoren $\mathbf{x}_i'$ bzw. $\mathbf{w}_i'$ aus dem Vektor $\mathbf{y}_i'$ durch einen minimalen Transfer, ausgehend von gebenden Merkmalen Y_j, $j \in \{1,...,k\}$ bzw. Y_l, $l \in$

$\{1,...,k\}$ mit $y_{ij}/z_j < y_{il}/z_l$ an empfangende Merkmale mit $y_{ij}/z_j + h$ bzw. $y_{il}/z_l + h$ und $h > 0$ hervorgehen.

Im Axiom Sch TS ist eine Ausrichtung an Merkmalen relativ zur jeweiligen Armutsgrenze vorgenommen. Danach steigt das vorliegende Ausmaß an Armut bei einem minimalen Transfer um so stärker, je kleiner der Quotient aus Merkmalswert und Armutsgrenze für das gebende Merkmal ist.
Bei einem „column-first"-Ansatz kann das Axiom SchTS aus Abschnitt 18 in Teil I wieder direkt für (n,1)-Spaltenvektoren $\mathbf{y}_j$ sowie die zugehörigen Armutsgrenzen z_j, $j = 1,...,k$ übertragen werden.
Für eine Aggregation in einem Schritt sind im Axiom SchTS bei vorliegenden Substitutionsmöglichkeiten dann auch wieder Transfers zwischen verschiedenen Merkmalen für verschiedene Merkmalsträger zugelassen.
Neben den grundlegenden Axiomen aus Abschnitt 7 enthält die Liste der für eine multidimensionale Armutsmessung wünschenswerten Eigenschaften von Chakravarty et al. (1998) aber auch zusätzliche Transferaxiome. Da ist einmal ein mehrdimensionales **Transferaxiom** T, dessen Grundlage in der Untersuchung sozialer Wohlfahrtsfunktionen von Kolm (1977) liegt. Dieses Transferaxiom betrachtet vorrangig die q ($1 < q \leq n$) als arm identifizierten Merkmalsträger. Wird die Datenbasis $\mathbf{Y}$ auf diese Merkmalsträger beschränkt, entsteht eine gegebenenfalls verkleinerte (q,k)-Datenbasis $\mathbf{Y}_A$. Multiplikation mit einer **bistochastischen** (q,q)-Matrix $\mathbf{B}$ (vgl. Abschnitt 23 in Teil I) liefert dann über $\mathbf{BY}_A = \mathbf{X}_A$ eine neue (q,k)-Datenbasis $\mathbf{X}_A$. Diese Multiplikation umfasst gegebenenfalls eine ganze Reihe von auf einzelne Variablen bezogenen **progressiven Transfers** (vgl. Abschnitt 13 in Teil I). Sie wird daher auch common smoothing genannt (vgl. z.B. Seth (2009a,b)). Wird nun in der Datenbasis $\mathbf{Y}$ die Teilmatrix $\mathbf{Y}_A$ durch die erhaltene Matrix $\mathbf{X}_A$ ersetzt, entsteht eine neue (n,k)-Datenbasis $\mathbf{X}$. Diesbezüglich verlangt das Axiom T bei vorhandener Armut dann folgendes:

Axiom T: $P(\mathbf{X},\mathbf{z}') < P(\mathbf{Y},\mathbf{z}')$ für $\mathbf{X} = (\mathbf{X}_A',\mathbf{Y}_{NA}')'$, $\mathbf{Y} = (\mathbf{Y}_A',\mathbf{Y}_{NA}')'$ und $\mathbf{BY}_A = \mathbf{X}_A$,

wenn für die armen Merkmalsträger unterschiedliche individuelle Datenbasen mit insbesondere unterschiedlichen Merkmalslücken für gleiche Merkmale vorliegen. Ist letzteres nicht notwendig der Fall, muss in Axiom T statt des <- ein ≤-Zeichen eingesetzt werden.
In der Formulierung von Axiom T ist die sich auf die n – q nicht armen Merkmalsträger beziehende Teilmatrix mit dem Index NA bezeichnet. Gemäß Axiom T soll das Ausmaß von Armut nach den durchführten Transfers kleiner als zuvor sein. Die betreffende Eigenschaft wird in Analogie zur entsprechenden auf Vektoren ausgerichteten Eigenschaft in Abschnitt 23 von Teil I **S-Konvexität** genannt (vgl. zur entsprechenden S-Konkavität Kolm

(1977, S.6)) Die Formulierung von Axiom T kann auch dahingehend abgeändert werden, dass die gesamte Datenbasis **Y** mit einer bistochastischen Matrix **B** multipliziert wird, dabei aber die sich auf nicht arme Merkmalsträger beziehenden Zeilen von **Y** unverändert bleiben.
Schließlich ist noch das **Umordnungsaxiom** U einzuführen. Dieses geht von den armen Merkmalsträgern $i \in \{1,...,n\}$ und $i' \in \{1,...,n\}$ mit o.B.d.A. $i < i'$ und den als unterschiedlich vorausgesetzten (1,k)-Vektoren $\mathbf{y}_i'$ bzw. $\mathbf{y}_{i'}'$ als individuellen Datenbasen aus (vgl. Abschnitt 1). Die benannten Datenbasen sollen insbesondere auch mit unterschiedlichen Merkmalslücken für gleiche Merkmale verbunden sein. Aus den Elementen der betreffenden Datenbasen werden nun über die Umordnung $x_{ij} = \text{Min}\{y_{ij}, y_{i'j}\}$ sowie $x_{i'j} = \text{Max}\{y_{ij}, y_{i'j}\}$ für j = 1,...,k neue (1,k)-Vektoren $\mathbf{x}_i'$ bzw. $\mathbf{x}_{i'}'$ gebildet. Der Übergang zu diesen Vektoren vergrößert die Korrelation zwischen den Datenbasen der Merkmalsträger i und i′, ist also association increasing (vgl. z.B. Seth (2009a,b)). Die vorgenommene **Umordnung** soll daher als **korrelationsvergrößernd** bezeichnet werden. Das Axiom U vergleicht nun die verschiedenen Datenbasen und verlangt folgendes:

> **Axiom U**: $P(\mathbf{X},\mathbf{z}') > P(\mathbf{Y},\mathbf{z}')$, wenn die Datenbasis **X** aus der Datenbasis **Y** durch eine korrelationsvergrößernde Umordnung unter armen Merkmalsträgern entsteht.

Gemäß Axiom U vergrößert sich also unter den getroffenen Annahmen das Ausmaß von Armut durch entsprechende korrelationsvergrößernde Umordnungen. Sind die betreffenden individuellen Datenbasen aber nicht notwendig mit für gleiche Merkmale unterschiedlichen Merkmalslücken verbunden, ist im Axiom U das >- durch ein ≥-Zeichen zu ersetzen.
Mögliche Transfers im Axiom T sowie Umordnungen im Axiom U können für die (n,k)-Datenbasis **Y** des Beispiels aus Abschnitt 4 mit n = k = 3 und q = 2 armen Merkmalsträgern illustriert werden. Als bistochastische Transfermatrix ist z.B. die (q,q)-Matrix $\mathbf{B} = \begin{pmatrix} 0{,}5 & 0{,}5 \\ 0{,}5 & 0{,}5 \end{pmatrix}$ zu wählen. Das Produkt dieser Matrix **B** mit der (q,k)-Teilmatrix $\mathbf{Y}_A = \begin{pmatrix} 1 & 1 & 2 \\ 4 & 1 & 1 \end{pmatrix}$ führt dann auf die (q,k)-Matrix $\mathbf{BY}_A = \mathbf{X}_A = \begin{pmatrix} 2{,}5 & 1 & 1{,}5 \\ 2{,}5 & 1 & 1{,}5 \end{pmatrix}$. Der Übergang von der Matrix $\mathbf{Y}_A$ auf die Matrix $\mathbf{BY}_A$ besteht danach aus progressiven Transfers zwischen den beteiligten Merkmalsträgern, getrennt und in unterschiedlicher Richtung für die erste und dritte Armutsdimension. Im Ergebnis haben sich bei dem (1,k)-Vektor $\mathbf{z}' = (3, 3, 3)$ von Armutsgrenzen einige Merkmalslücken beträchtlich verkleinert. Andererseits ist durch den Transfer im Gegensatz zu zuvor auch

der zweite Merkmalsträger in allen Dimensionen arm. Da alle Elemente der gewählten Matrix **B** identisch sind, verfügen nach dem Transfer die armen Merkmalsträger über eine identische individuelle Datenbasis, sind also gleich arm.

Am Beispiel der Matrix $\mathbf{Y_A}$ kann auch eine zu erfolgende Umordnung dargestellt werden. Es ergibt sich aus $\mathbf{Y_A}$ die Matrix $\mathbf{X_A} = \begin{pmatrix} 1 & 1 & 1 \\ 4 & 1 & 2 \end{pmatrix}$. Die Zeilenvektoren der Matrix $\mathbf{X_A}$ korrelieren stärker als diejenigen der Ausgangsmatrix $\mathbf{Y_A}$. Nach der Umordnung ist der erste Merkmalsträger bei den genannten Armutsgrenzen in keiner Dimension mehr weniger arm als der zweite.

9: Armutsmaße

Wird gefordert, dass ein mehrdimensionales Armutsmaß $P(\mathbf{Y},\mathbf{z}')$ neben allen grundlegenden Axiomen aus Abschnitt 7 auch allen Transferaxiomen aus Abschnitt 8 genügen soll, ist die mathematische Form solcher Maße vielfältig eingeschränkt. Dies gilt insbesondere, wenn wie bei Chakravarty et al. (1998) noch zwei zusätzliche Anforderungen an eine multidimensionale Armutsmesssung gestellt werden. Einmal wird dort das Axiom der Untergruppenkonsistenz UK dahingehend verschärft, dass $P(\mathbf{Y},\mathbf{z}')$ ein gewichtetes arithmetisches Mittel der Teilgruppenindizes $P(\mathbf{Y_1},\mathbf{z}')$ und $P(\mathbf{Y_2},\mathbf{z}')$ sein soll (vgl. Abschnitt 7). Zum anderen wird für den zweiten Schritt einer „column-first"-Aggregation nach Abschnitt 6 zusätzlich verlangt, dass $P(\mathbf{Y},\mathbf{z}')$ ein gewichtetes arithmetisches Mittel der merkmalsspezifischen Armutsmaße aus dem ersten Schritt darstellt. Unter diesen Voraussetzungen bleibt dann z.B. eine multidimensionale Erweiterung des eindimensionalen Ansatzes zur **Armutsmessung nach Foster et al.** (1984) (vgl. (16) in Abschnitt 16 von Teil I) möglich. Dieser Ansatz stellt sich wie folgt dar:

$$P^F(\mathbf{Y},\mathbf{z}') = \frac{1}{nk}\sum_{i=1}^{n}\sum_{j=1}^{k}((z_j - y_{ij}^*)/z_j)^{1+\varepsilon}, \quad \varepsilon > 0. \tag{5}$$

Statt wie in (5) für i = 1,...,n und j = 1,...,k mit der Armutsfunktion p mit $p(y_{ij}^*,z_j) = p_{ij}^{*\,1+\varepsilon} = ((z_j - y_{ij}^*)/z_j)^{1+\varepsilon}$ zu arbeiten, kann natürlich auch die alternative Funktion $p(y_{ij}^*,z_j) = 1 - (y_{ij}^*/z_j)^{1-\varepsilon}$ mit $0 < 1 - \varepsilon < 1$ nach **Chakravarty** (1983) (vgl. Abschnitt 17 in Teil I) benutzt werden. Für solche Ansätze mehrdimensionaler Armutsmessung ist zu betonen, dass es sich aus Sicht der vorgenommenen Aggregation jeweils um Ein-Schritt-Ansätze handelt. Alle vorhandenen Merkmalslücken werden dabei gleich gewichtet.

Bourguignon und Chakravarty (1999) sowie Kockläuner (2007) verzichten dagegen auf die Forderung der **additiven Zerlegbarkeit**, wie sie das Maß $P^F(\mathbf{Y},\mathbf{z}')$ in (5) aufweist. In ihrem jeweiligen „**row-first**"-Ansatz wird zuerst das Ausmaß **individuell**er mehrdimensionaler Armut für jeden einzelnen Merkmalsträger i (i =1,...,n) erfasst. Grundlage dafür ist das Armutsmaß von Kockläuner (1998) $P^K(\mathbf{y},z)$ zur eindimensionalen Armutsmessung aus (15) in Abschnitt 16 von Teil I. Dieses Maß kann mit der (1,k)-Datenbasis $\mathbf{y}_i'$, i = 1,...,n und dem (1,k)-Vektor von Armutsgrenzen $\mathbf{z}'$ anstatt von $(\mathbf{y},z)$ jetzt zur Erfassung des Ausmaßes mehrdimensionaler Armut für einzelne Merkmalsträger dienen. Es ergibt sich

$$P^K(\mathbf{y}_i',\mathbf{z}') = (\frac{1}{k}\sum_{j=1}^{k}(z_j - y_{ij}^*)^{1+\varepsilon})^{1/(1+\varepsilon)} / z_j, \quad \varepsilon > 0 \text{ für } i = 1,...,n. \qquad (6)$$

Das Maß (6) ist als (1 + ε)-Mittel durch eine positive Substitutionselastizität in Höhe von 1/(1 + ε - 1) = 1/ε zwischen den die Spalten der Matrix **P*** aus (3) definierenden Variablen P_j^*, j = 1,...,k gekennzeichnet (vgl. z.B. Anand und Sen (1997)). Der **Parameter ε** bestimmt im Zusammenhang von (6) das hinsichtlich der k verschiedenen Armutsdimensionen vorliegende Ausmaß von **Aversion gegen Armut**.
Der zweite Aggregationsschritt, d.h. die Aggregation über die n Merkmalsträger, wird bei Kockläuner (2007) dann durch ein zweites verallgemeinertes Mittel vollzogen. Mit dem weiteren reellen **Parameter γ** > 0, der analog zum Parameter ε in (6) **Aversion gegen Armut** und gegen Ungleichheit erfasst, stellt sich das multidimensionale **Armutsmaß von Kockläuner** (2007) unter Bezug auf (6) wie folgt dar:

$$P^K(\mathbf{Y},\mathbf{z}') = (\frac{1}{n}\sum_{i=1}^{n} P^K(y_i', z)^{1+\gamma})^{1/(1+\gamma)}, \quad \gamma > 0. \qquad (7)$$

Natürlich werden die Eigenschaften des Maßes $P^K(\mathbf{Y},\mathbf{z}')$ vom Verhältnis der Parameter ε und γ bestimmt. Für γ = ε sowie wenn zusätzlich γ = 0 zugelassen wird, reduziert sich der mit (7) verbundene „row-first“-Ansatz auf die multidimensionale Armutsmessung in einem Schritt. Es gilt dann $P^K(\mathbf{Y},\mathbf{z}')^{1+\varepsilon} = P^F(\mathbf{Y},\mathbf{z}')$ aus (5). Diese Gleichung ergibt sich auch, wenn alle zensierten relativen Merkmalslücken identisch sind.
Hinzuweisen ist an dieser Stelle darauf, dass der Spezialfall k = 3 und γ = ε von (7) in der multidimensionalen Entwicklungsmessung, dann aber sachgemäß als (1 - ε)-Mittel, von Foster et al. (2005) für verschiedene Werte von ε auch empirische Anwendung erfahren hat. Empirische Anwendungen in der multidimensionalen Armutsmessung mit einem nationalen Durchschnittswert, d.h. n = 1 und ε = 2 bieten der Index für menschliche Armut HPI-1 der Vereinten Nationen für Entwicklungsländer mit k = 3 und der entsprechende Index für menschliche Armut HPI-2 für OECD-Länder mit k = 4 (vgl. UNDP

(2008)). Bei letzterem kommt zu den Armutsdimensionen Einkommen, Bildung und Gesundheit die Langzeitarbeitslosigkeit hinzu. Eine Anwendung des Ansatzes (7) in der multidimensionalen Entwicklungsmessung mit $\gamma \neq \varepsilon$ liefert der Bericht über die menschliche Entwicklung 2010 (vgl. UNDP (2010)). Der dort vorgestellte Index für Geschlechtsbezogene Ungleichheit (GII) beruht auf einem Vorschlag von Seth (2009a), der unabhängig von Kockläuner (2007) ein verallgemeinertes Mittel von verallgemeinerten Mitteln wie (7) für die multidimensionale Entwicklungsmessung ins Spiel bringt. Der GII erfasst in einem ersten Schritt die Geschlechtsbezogene Entwicklung, liefert damit eine neue Fassung des Index für Geschlechtsbezogene Entwicklung (GDI) von UNDP (vgl. UNDP (2008)). Dazu wird für k = 3 und $\varepsilon = 1$ zuerst geschlechtsspezifisch ein geometrisches Mittel gebildet, d.h. ein $(1 - \varepsilon)$-Mittel analog zu (6) mit $1 - \varepsilon = 0$ benutzt. Anschließend werden die n = 2 geschlechtsspezifischen Indizes in einem harmonischen Mittel, d.h. mit $\gamma = 2$ und analog zu (7) über ein $(1 - \gamma)$-Mittel mit $1 - \gamma = -1$ aggregiert (vgl. Kockläuner (2011)).
Genau wie dem eindimensionalen Armutsmaß $P^K(\mathbf{y},z)$ mit dem Maß B_ε^* aus (14) in Abschnitt 16 von Teil I, steht auch dem multidimensionalen Maß $P^K(\mathbf{Y},\mathbf{z}')$ ein Ungleichheitsmaß gegenüber. Dieses multidimensionale Ungleichheitsmaß kann mit (7) in der Form

$$B_{\varepsilon\gamma}^* = \Big(\frac{1}{n}\sum_{i=1}^{n}(P^K(y_i',z)/\bar{p}_i^*)^{1+\gamma}\Big)^{1/(1+\gamma)} - 1 \qquad (8)$$

geschrieben werden. In (8) bezeichnet $\bar{p}_i^*$, i = 1,...,n das arithmetische Mittel der Elemente aus der i-ten Zeile der Matrix $\mathbf{P}^*$ aus (3). Das Maß $B_{\varepsilon\gamma}^*$ ist dual zu einer multidimensionalen Erweiterung des Atkinson-Maßes A_ε aus (5) in Abschnitt 7 von Teil I, die der von List (1999) vorgeschlagenen Erweiterung sehr nahe kommt.
Bei **Bourguignon und Chakravarty** (1999) fehlt ein solcher Bezug zu Ungleichheitsmaßen. Deren ursprünglich nur für k = 2 Armutsdimensionen formuliertes mehrdimensionales **Armutsmaß** ergibt sich aus (7) über $P^K(\mathbf{Y},\mathbf{z}')^{1+\gamma}$, d.h. mit (6) als

$$P^{BCh}(\mathbf{Y},\mathbf{z}') = \frac{1}{n}\sum_{i=1}^{n}\Big(\frac{1}{k}\sum_{j=1}^{k}((z_j - y_{ij}^*)/z_j)^{1+\varepsilon}\Big)^{(1+\gamma)/(1+\varepsilon)}, \ \varepsilon > 0, \gamma > 0 \qquad (9)$$

(vgl. dazu die analoge Parallele zwischen den Ansätzen zur eindimensionalen Armutsmessung von Kockläuner (1998) in (15) und Foster et al. (1984) in (16), jeweils Abschnitt 16 in Teil I). In (9) kann der Parameter γ nun aber analog zum Parameter ε in (5) nicht mehr als ein Parameter aufgefasst wer-

den, der Aversion gegen Armut oder gegen Ungleichheit zum Ausdruck bringt. So gehen bei vorliegender Armut die Maße $P^F(\mathbf{Y},\mathbf{z}')$ für $\varepsilon \to \infty$ und $P^{BCh}(\mathbf{Y},\mathbf{z}')$ für $\gamma \to \infty$ bei – wie angenommen – jeweils positiven Elementen $y_{ij}*$, i = 1,...,n und j = 1,...,k gegen Null. Zu beachten ist, dass im Falle von $\gamma = \varepsilon$ das Maß (9) in das Maß (5) übergeht.
Hingewiesen werden soll noch auf ein alternatives mehrdimensionales Armutsmaß von Tsui (2002). Dieses enthält im Gegensatz zu (6) für den ersten Schritt des „**row-first**"-Ansatzes ein Produkt statt einer Summe. Ursächlich dafür ist das zusätzlich eingeführte Axiom der Armutsmaßinvarianz (vgl. abweichend davon das Axiom der Einheitskonsistenz EK in Abschnitt 22 sowie die Armutsgrenzenordnung in Abschnitt 24 von Teil I). Das Axiom der Armutsmaßinvarianz verlangt, dass für Datenbasen **X** und **Y** sowie unterschiedliche Vektoren von Armutsgrenzen $\mathbf{z}'$ und $\mathbf{z}^{*\prime}$ mit $\mathbf{z}' \leq \mathbf{z}^{*\prime}$ gilt: $P(\mathbf{X},\mathbf{z}') \leq P(\mathbf{Y},\mathbf{z}')$ ist äquivalent zu $P(\mathbf{X},\mathbf{z}^{*\prime}) \leq P(\mathbf{Y},\mathbf{z}^{*\prime})$, wenn der Übergang von $\mathbf{z}'$ zu $\mathbf{z}^{*\prime}$ die Gruppe armer Merkmalsträger unverändert lässt. Damit sind dann allerdings, wie Tsui (2002, S.81) betont, die Ansätze aus (5), (7) und (9), also alle Ansätze im Umfeld von Foster et al. (1984) ausgeschlossen. Das zeigt folgendes von der Matrix $\mathbf{Y_A} = \begin{pmatrix} 1 & 1 & 2 \\ 4 & 1 & 1 \end{pmatrix}$ in Abschnitt 8 als Teilmatrix der (n=3,k=3)-Matrix **Y** aus Abschnitt 4 ausgehendes Beispiel. Wird dieser Matrix die Matrix $\mathbf{X_A} = \begin{pmatrix} 2 & 1 & 1 \\ 4 & 1 & 1 \end{pmatrix}$ als modifizierte Teilmatrix von **Y** gegenübergestellt, woraus dann die Matrix **X** entsteht, sind bei $\mathbf{z}' = (1, 2, 2)$ als Vektor von Armutsgrenzen jeweils beide Merkmalsträger arm. Mit $\varepsilon = 1$ liefert das Maß $P^F(\mathbf{Y},\mathbf{z}')$ aus (5) dann die Ungleichung $P^F(\mathbf{X},\mathbf{z}') = 1/9 > P^F(\mathbf{Y},\mathbf{z}') = 1/12$. Steigt nun das Element z_1 von $\mathbf{z}'$ an, entsteht ein neuer Vektor $\mathbf{z}^{*\prime}$ von Armutsgrenzen. Für ein hinreichend großes z_1 kehrt sich die obige Ungleichung um. Für $z_1 = 5$ gilt z.B. $P^F(\mathbf{X},\mathbf{z}') = 41/225 < P^F(\mathbf{Y},\mathbf{z}') = 7/36$. Voraussetzung für ein solches Ergebnis ist dann aber auch, dass in der Matrix **Y** aus Abschnitt 4 das Element y_{31} z.B. auf den Wert $y_{31} = 5$ verändert wird. Ansonsten würde bei der Vergrößerung von z_1 auch der dritte Merkmalsträger im Beispiel arm werden, ein Widerspruch zu den Annahmen von Tsui (2002).
Unter den vorgestellten multidimensionalen Armutsmaßen fehlt ein auf den „column-first"-Ansatz ausgerichteter Vorschlag. Die Gründe dafür finden sich in der folgenden Einordnung.

10: Einordnung

Wie Gajdos und Weymark (2003) zeigen, gibt es bei schwacher Merkmalsseparierbarkeit, also dem „**column-first**"-Ansatz zur Aggregation, keine soziale Evaluationsordnung, die neben dem Anonymitätsaxiom A auch dem

Umordnungaxiom U genügt. Entsprechend zeigen Pattanaik et al. (2011) für eine das Axiom A erfüllende Deprivationsordnung die Unvereinbarkeit des **„column-first“**-Ansatzes sowohl mit einer Forderung der Nichtinvarianz als auch mit verschiedenen Equity-Prinzipien, wenn Deprivation vorliegt. Die Nichtinvarianz verlangt analog zum Axiom U, dass die betreffenden Umordnungen von Merkmalswerten mit Konsequenzen bei der Deprivationsmessung verbunden sind. Die Equity-Prinzipien verstärken die Anforderung der Nichtinvarianz, wobei das zweite Equity-Prinzip gerade dem Axiom U entspricht. Da die multidimensionale Armutsmessung sowohl eine Evalutions- als auch eine Deprivationsmessung ist, gelten die zitierten Ergebnisse auch hier. Soll also das seit Tsui (2002) in der Armutsmessung als Standardaxiom betrachtete Axiom U vorausgesetzt werden, scheiden „column-first“-Ansätze für die multidimensionale Armutsmessung aus.
Damit ein multidimensionales Armutsmaß nun dem Axiom U genügt, muss die damit verbundene Funktion L-superadditiv sein (vgl. Marshall und Olkin (1979, S.150ff) sowie Boland und Proschan (1988)). Für das Armutsmaß $P^K(\mathbf{Y},\mathbf{z}')$ aus (7) ist das aber äquivalent zu einer positiven zweiten partiellen Ableitung $\partial^2 P^K(Y,z)^{1+\gamma} /(\partial y_{ij} \partial y_{ij'})$ für $j \neq j'$ und $y_{ij} < z_j$, $y_{ij'} < z_{j'}$, $i = 1,...,n$ (vgl. Tsui (2002, S.79)). Die betrachtete Ableitung ist demnach bezüglich unterschiedlicher Elemente der (1,k)-Datenbasis $\mathbf{y}_i'$ des armen Merkmalsträgers i ($i = 1,...,n$) zu bilden, die beide unter der jeweiligen Armutsgrenze liegen. Die genannte Ungleichung ist im Falle von $P^K(\mathbf{Y},\mathbf{z}')$ für $\gamma > \varepsilon$ erfüllt, d.h. für den Fall, bei dem die Aversion gegen Ungleichheit im zweiten Aggregationsschritt größer als im ersten ist (vgl. Kockläuner (2007) und Seth (2009a)). Da $P^K(\mathbf{Y},\mathbf{z}')^{1+\gamma} = P^{BCh}(\mathbf{Y},\mathbf{z}')$, gilt diese Bedingung dann auch für das Armutsmaß von Bourguignon und Chakravarty (1999).
Was das Transferaxiom T anbetrifft, so ergeben sich diesbezügliche Anforderungen an multidimensionale Armutsmaße durch Übertragung der Ergebnisse von Kolm (1977). Während die dortige Diskussion auf S-konkave soziale Wohlfahrtsfunktionen ausgerichtet ist, sind hier die betreffenden Anforderungen an S-konvexe Armutsmaße zu stellen. Der **„row-first“**-Ansatz erfordert im zweiten Schritt die Aggregation der individuellen Armutsmaße $P^K(\mathbf{y}_i',\mathbf{z}')$, $i = 1,...,n$ aus (7). Dabei ist aber $P^K(\mathbf{y}_i',\mathbf{z}')^{1+\gamma}$ – für wie vorausgesetzt $\gamma > 0$ und $\varepsilon > 0$ – eine in den Variablen P_j^*, $j = 1,...,k$, die zensierte relative Merkmalslücken als Beobachtungen liefern, konvexe Funktion (vgl. Sydsaeter et al. (2005, S.55)). Da zudem die Aggregation der $P^K(\mathbf{y}_i',\mathbf{z}')^{1+\gamma}$, $i = 1,...,n$ zum Maß $P^{BCh}(\mathbf{Y},\mathbf{z}')$ linear erfolgt, reicht es für die Maße $P^K(\mathbf{Y},\mathbf{z}')$ in (7) und $P^{BCh}(\mathbf{Y},\mathbf{z}')$ in (9) aus, zur Erfüllung von Axiom T die Bedingungen $\gamma > 0$ und $\varepsilon > 0$ zu verlangen (vgl. Seth (2009a)). Diese Bedingungen sind aber ohnehin vorausgesetzt, so dass die multidimensionalen Armutsmaße $P^K(\mathbf{Y},\mathbf{z}')$ von Kockläuner (2007) und $P^{BCh}(\mathbf{Y},\mathbf{z}')$ von Bourguignon und Chakravarty (1999) dem Axiom T immer genügen. Das verdeutlicht insbesondere die

Analyse von $P^K(\mathbf{y}_i',\mathbf{z}')^{1+\gamma}$ für einen bestimmten Merkmalsträger $i \in \{1,...,n\}$ in Abhängigkeit von den die Elemente der (1,k)-Datenbasis $\mathbf{y}_i'$ liefernden Variablen Y_j, j = 1,...,k. Werden wie von Bourguignon und Chakravarty (1999) für k = 2 Isoarmutslinien in einem (Y_1,Y_2)-Koordinatensystem betrachtet, so verlaufen diese konvex zum Ursprung. Während der Parameter γ für $P^K(\mathbf{y}_i',\mathbf{z}')^{1+\gamma}$ den Grad von Konvexität festlegt, bestimmt der Parameter ε die Krümmung der Isoarmutslinie. Für $\varepsilon \to \infty$ nähert sich diese Linie der Rechtwinkligkeit an. Die positive Substitutionselastizität zwischen den Variablen P_j^*, j = 1,2 zeigt sich in einer solchen Darstellung, wenn berücksichtigt wird, dass die Isoarmutslinien konkav zum aus den Armutsgrenzen (z_1,z_2) gebildeten Punkt verlaufen (vgl. Atkinson (2003)).
Sollen multidimensionale Armutsmaße zusätzlich zum multidimensionalen Transferaxiom T einem eindimensionalen Transferaxiom wie dem Axiom ST aus Abschnitt 13 in Teil I (vgl. auch Abschnitt 8) genügen, müssen besondere Anforderungen erfüllt sein. So zeigen Bourguignon und Chakravarty (2003), dass bei gemäß Abschnitt 9 verschärfter Untergruppenkonsistenz ein multidimensionales Armutsmaß, um das Axiom ST zu erfüllen, additiv in den Armutsdimensionen sein muss. Diese Voraussetzung ist vom Maß $P^F(\mathbf{Y},\mathbf{z}')$ aus (5) erfüllt, nicht dagegen von den Maßen in (7) und (9).
Dagegen erfüllen das Armutsmaß von **Kockläuner** (2007) $P^K(\mathbf{Y},\mathbf{z}')$ und das Armutsmaß von **Bourguignon und Chakravarty** (1999) $P^{BCh}(\mathbf{Y},\mathbf{z}')$, weil sie im zweiten Schritt über die individuelle Armut der einzelnen Merkmalsträger aggregieren, auch das Axiom der Untergruppenkonsistenz UK wie in Abschnitt 7 formuliert. Beide Maße genügen damit allen grundlegenden Axiomen der Armutsmessung aus Abschnitt 7, im ersten Schritt des „row-first"-Ansatzes zudem dem Axiom starker Transfers ST und für $\varepsilon > 1$ dem Axiom schwacher Transfersensitivität SchTS wie in Abschnitt 8 formuliert, daneben aber auch insgesamt dem Transferaxiom T und für $\gamma > \varepsilon$ auch dem Umordnungsaxiom U. Die letztgenannte Ungleichung sorgt zusätzlich dafür, dass auch beim zweiten Aggregationsschritt, der z.B. die multidimensionale individuelle Armut $P^K(\mathbf{y}_i',\mathbf{z}')$ aus (6) über alle n Merkmalsträger aggregiert, das Axiom starker Transfers ST und das Axiom schwacher Transfersensitivität SchTS erfüllt sind (vgl. Kockläuner (2007)).
Zur Illustration werde das Beispiel aus Abschnitt 4 mit der (n=3,k=3)-Datenbasis $\mathbf{Y} = \begin{pmatrix} 1 & 1 & 2 \\ 4 & 1 & 1 \\ 3 & 3 & 3 \end{pmatrix}$ und dem (1,k=3)-Vektor $\mathbf{z}' = (3, 3, 3)$ von Armutsgrenzen wieder aufgenommen. Für $\gamma = 2$ und $\varepsilon = 1{,}5$ ergibt sich $P^K(\mathbf{Y},\mathbf{z}') = 0{,}5039$. Wird nun über den multidimensionalen Transfer mit der Matrix **B** aus Abschnitt 8 die aus den ersten beiden Zeilen von **Y** bestehende Teilma-

trix $\mathbf{Y}_A$ durch $\mathbf{X}_A = \begin{pmatrix} 2{,}5 & 1 & 1{,}5 \\ 2{,}5 & 1 & 1{,}5 \end{pmatrix}$ ersetzt, findet sich mit $P^K(\mathbf{X},\mathbf{z}') = 0{,}4435$ der gemäß Axiom T geforderte kleinere Wert. Entsprechend führt die in Abschnitt 8 vorgenommene Umordnung von $\mathbf{Y}_A$ zu $\mathbf{X}_A = \begin{pmatrix} 1 & 1 & 1 \\ 4 & 1 & 2 \end{pmatrix}$ mit $P^K(\mathbf{X},\mathbf{z}') = 0{,}5077$ auf den gemäß Axiom U verlangten größeren Wert.

11: Axiomatisierung

Wenn es darum geht, die multidimensionalen Armutsmaße $P^{BCh}(\mathbf{Y},\mathbf{z}')$ von Bourguignon und Chakravarty (1999) sowie $P^K(\mathbf{Y},\mathbf{z}')$ von Kockläuner (2007) zu axiomatisieren, kann dafür auf ihre Konstruktion als „row-first"-Ansätze, also als bestimmte Zwei-Schritt-Ansätze abgehoben werden. Da der erste Aggregationsschritt jeweils über die Bildung eines $(1 + \varepsilon)$-Mittels, die k einzelnen Armutsdimensionen betreffend, erfolgt, ist die entsprechende Axiomatisierung aus Abschnitt 19 in Teil I, welche die Aggregation über die n einzelnen Merkmalsträger betrifft, direkt zu übertragen. Der Rückgriff auf Kolm (1976) liefert hier also das Gewünschte. Entsprechendes gilt dann auch für den zweiten Aggregationsschritt. Hier ist für das Maß $P^{BCh}(\mathbf{Y},\mathbf{z}')$ gemäß (9) in Abschnitt 9 daran zu erinnern, dass die Aggregation über Merkmalsträger wie in der eindimensionalen Armutsmessung von Foster et al. (1984) vorgenommen wird. Folglich greift diesbezüglich die Axiomatisierung von Chakraborty et al. (2008), wie in Abschnitt 19 von Teil I vorgestellt. Alternativ dazu charakterisieren Lasso de la Vega et al. (2009) diesen Schritt unter Rückgriff auf das Axiom der Einheitskonsistenz EK (vgl. Abschnitt 22 in Teil I). Da beim Maß $P^K(\mathbf{Y},\mathbf{z}')$ gemäß (7) in Abschnitt 9 auch der zweite Aggregationsschritt aus der Bildung eines verallgemeinerten Mittels besteht, ist dieser analog zum ersten zu charakterisieren. Hinzuweisen ist darauf, dass bei allen genannten Axiomatisierungen das Normierungsaxiom N in der erweiterten Fassung, wie in Abschnitt 7 vorgestellt, Anwendung findet.

Wesentlich für die vollständige Axiomatisierung des jeweiligen Maßes ist ein Separabilitätsaxiom, welches die beiden Aggregationsschritte trennt und den „row-first"-Ansatz vorschreibt. Dieses Axiom ist bei Lasso de la Vega et al. (2009), die das Maß $P^{BCh}(\mathbf{Y},\mathbf{z}')$ axiomatisieren, das Axiom der additiven Zerlegbarkeit. Das multidimensionale Armutsgesamtmaß soll ein arithmetisches Mittel individueller multidimensionaler Armutsmaße sein. Im Gegensatz dazu lässt Seth (2009a) bei seiner Axiomatisierung von verallgemeinerten Mitteln verallgemeinerter Mittel in der Wohlfahrtsmessung den Funktionstyp der jeweiligen Aggregation offen. Vorausgesetzt wird für die erste Stufe lediglich, dass das individuelle Wohlfahrtsmaß eine stetige und im Argument wachsende Funktion der Summe von Funktionswerten stetiger Funktionen der Wohlfahrtsbeiträge einzelner Wohlfahrtsdimensionen ist (vgl.

auch Hardy et al. (1964, S.68)). Werden die Wohlfahrtsbeiträge durch zensierte relative Merkmalslücken ersetzt, ist die direkte Übertragung auf die multidimensionale Armutsmesssung gegeben. Es gilt dann gemäß Seth (2009a): Ein Maß P(**Y**,**z**′) ist ein zweiparametriges auf verallgemeinerten Mitteln aufbauendes multidimensionales Armutsmaß genau dann, wenn es dem „row-first"-Ansatz der Aggregation folgt und dem Axiom der Skaleninvarianz SI, dem Normierungsaxiom N in der erweiterten Fassung aus Abschnitt 7, dem Anonymitätsaxiom A, dem Axiom der Replikationsinvarianz RI, dem Stetigkeitsaxiom S, dem Axiom starker Monotonie SM, dem Axiom der Untergruppenkonsistenz UK (vgl. Abschnitt 7) sowie dem genannten Separabilitätsaxiom genügt. Als Armutsmaß muss P(**Y**,**z**′) naturgemäß auch das Fokusaxiom F erfüllen. Wenn daneben das Transferaxiom T zur Bedingung gemacht wird, entsteht bei $\gamma > 0$ und $\varepsilon > 0$ das Maß P^K(**Y**,**z**′) von Kockläuner (2007). Wird zusätzlich das Umordnungsaxiom U gefordert, ergibt sich nach Abschnitt 8 als weitere Bedingung $\gamma > \varepsilon$.
In Lasso de la Vega und Urrutia (2011) erfolgt die Zusammenfassung der bei Lasso de la Vega et al. (2009) noch getrennt axiomatisierten Aggregationsschritte zu einer vollständigen Axiomatisierung des Maßes P^{BCh}(**Y**,**z**′). Dabei stellt sich für die Bildung verallgemeinerter Mittel, die Aggregation über die einzelnen Armutsdimensionen betreffend, ein Axiom, das schwache Separierbarkeit dieser Dimensionen verlangt, als entscheidend dar. Zudem wird als Beispiel für ein mehrdimensionales Armutsmaß, das im Gegensatz zu P^{BCh}(**Y**,**z**′) auf der Ebene der Merkmalsträger nicht additiv zerlegbar ist, unabhängig von Kockläuner (2007) das Maß P^K(**Y**,**z**) vorgeschlagen.

12: Ordnungsbeziehung

Während es in der eindimensionalen Armutsmessung möglich ist, Ordnungsäquivalenzen wie in Abschnitt 23 von Teil I herzuleiten, stehen dem in der mehrdimensionalen Armutsmessung bestimmte Ordnungsbeziehungen gegenüber. So erweisen sich in Abschnitt 23 von Teil I die Aussagen 11. und 12. als äquivalent, obwohl die betreffenden Vektorungleichungen einerseits eine bistochastische Transfermatrix **A**, andererseits ein Produkt **T** von Pigou-Dalton-Transfermatrizen einbeziehen (zu einem Beweis vgl. Dasgupta et al. (1973)). Diese und andere Äquivalenzen gelten auf der mehrdimensionalen Ebene nicht mehr. Als Folge entstehen Ordnungsbeziehungen, bezüglich derer Diez et al. (2007) einen Überblick geben (vgl. auch Mosler (1994)). Dabei kommen neben den Transferaxiomen aus Abschnitt 8 weitere Transferaxiome ins Spiel, die von einer Pigou-Dalton-Bündeldominanz bzw. von verallgemeinerter Lorenz-Dominanz analog zur verallgemeinerten Lorenz-Ordnung in Abschnitt 23 von Teil I ausgehen.
Die nachfolgende Darstellung übernimmt die Bezeichnungen aus Abschnitt 8. Wenn die q armen Merkmalsträger nicht notwendig unterschiedliche Merkmalswerte in gleichen Armutsdimensionen aufweisen, verlangt das

mehrdimensionale Transferaxiom T: $P(\mathbf{X},\mathbf{z}') \leq P(\mathbf{Y},\mathbf{z}')$ für $\mathbf{X} = (\mathbf{X}_A',\mathbf{Y}_{NA}')'$, $\mathbf{Y} = (\mathbf{Y}_A',\mathbf{Y}_{NA}')'$ und $\mathbf{B}\mathbf{Y}_A = \mathbf{X}_A$. Für die aus der Datenbasis $\mathbf{Y} = (\mathbf{Y}_A',\mathbf{Y}_{NA}')'$ durch Multiplikation der Teilmatrix, die sich auf die armen Merkmalsträger bezieht, mit einer bistochastischen Matrix **B**, d.h. durch **uniforme Majorisierung** UM erhaltene Datenbasis $\mathbf{X} = (\mathbf{X}_A',\mathbf{Y}_{NA}')'$ soll ein Wert des Armutsmaßes P vorliegen, der höchstens so groß ist wie vor der Majorisierung. Eine entsprechende Majorisierung mit einem Produkt **T** von Pigou-Dalton-Transfermatrizen (vgl. Abschnitt 23 in Teil I), d.h. die Multiplikation $\mathbf{T}\mathbf{Y}_A = \mathbf{X}_A$ wird **uniforme Pigou-Dalton-Majorisierung** UPD genannt. Nun folgt aber gemäß Kolm (1977) die Majorisierung UM aus der Majorisierung UPD. Ein Armutsmaß P, für welches ein Transferaxiom mit UPD anstatt UM gefordert wird, genügt also auch dem Axiom T. Schließlich ist jede Matrix **T** bistochastisch. Die umgekehrte Folgerung gilt allerdings nur für den Fall $n = 2$, d.h. für lediglich zwei Merkmalsträger. Ansonsten ist es möglich, bistochastische Matrizen **B** zu konstruieren, die sich nicht als Produkte von Pigou-Dalton-Transfermatrizen darstellen lassen. Solche Matrizen verfügen insbesondere über mindestens ein Nullelement auf der Hauptdiagonale.

Im Vergleich zu den genannten Majorisierungen verlangt die Pigou-Dalton-Bündeldominanz eine Ausgangssituation, bei der in der (n,k)-Datenbasis **Y** wie nach einer Umordnung (vgl. das Axiom U in Abschnitt 8) für arme Merkmalsträger i und i′ individuelle (1,k)-Datenbasen $\mathbf{y}_i'$ bzw. $\mathbf{y}_{i'}'$ mit $y_{ij} \leq y_{i'j}$ für $j = 1,...,k$ vorliegen. Ein **Pigou-Dalton-Bündeltransfer** besteht nun aus dem mehrdimensionalen Transfer eines (1,k)-Vektors $\boldsymbol{\delta}'$ mit Elementen $\delta_j \geq 0$ für $j = 1,...,k$, dabei mindestens einem $\delta_j > 0$, vom weniger armen Merkmalsträger i′ an den ärmeren Merkmalsträger i dergestalt, dass für die dadurch erhaltenen individuellen Datenbasen $\mathbf{x}_i' = \mathbf{y}_i' + \boldsymbol{\delta}'$ bzw. $\mathbf{x}_{i'}' = \mathbf{y}_{i'}' - \boldsymbol{\delta}'$ weiterhin gilt: $x_{ij} \leq x_{i'j}$ für $j = 1,...,k$. Der betreffende Transfer stellt einen neuen Fall von **Majorisierung**, PD genannt, dar. Werden in der Datenbasis **Y** für die Merkmalsträger i und i′ nun die ursprünglichen Vektoren $\mathbf{y}_i'$ bzw. $\mathbf{y}_{i'}'$ durch die Vektoren $\mathbf{x}_i'$ bzw. $\mathbf{x}_{i'}'$ ersetzt, entsteht damit eine (n,k)-Datenbasis **X**, die gegenüber **Y** eine Pigou-Dalton-Bündeldominanz aufweist. Für ein Armutsmaß P, bei dem in einem Transferaxiom die Eigenschaft PD gefordert wird, muss danach $P(\mathbf{X},\mathbf{z}') \leq P(\mathbf{Y},\mathbf{z}')$ gelten, d.h. dass das vorliegende Ausmaß von Armut sich durch einen Pigou-Dalton-Bündeltransfer nicht vergrößern darf.

Wie Diez et al. (2007) zeigen, ist die Majorisierung PD konsistent mit den Majorisierungen UM sowie UPD. Sind die Zeilenvektoren der Datenbasis **Y** vor z.B. einer uniformen Majorisierung in Größenbezügen vorliegend wie sie ein Pigou-Dalton-Bündeltransfer erfordert und bleiben diese Größenverhältnisse bei der Majorisierung, dem Übergang zur Datenbasis **X** erhalten, dann stellt die uniforme Majorisierung gleichzeitig eine Pigou-Dalton-Bündeltransfer-Majorisierung dar. Wie das folgende Beispiel in Anlehnung an Abschnitt 8 zeigt, gilt die Umkehrung allerdings nicht. Gegeben sei die Matrix

$\mathbf{Y_A} = \begin{pmatrix} 1 & 1 & 1 \\ 4 & 1 & 2 \end{pmatrix}$ mit den Ausgangsvoraussetzungen für einen Pigou-Dalton-Bündeltransfer, die Merkmalsträger i = 1 und i′ = 2 betreffend. Durch den mehrdimensionalen Transfer von $\boldsymbol{\delta}' = (1;\, 0;\, 0{,}5)$ von Merkmalsträger i′ an Merkmalsträger i entsteht die neue Matrix $\mathbf{X_A} = \begin{pmatrix} 2 & 1 & 1{,}5 \\ 3 & 1 & 1{,}5 \end{pmatrix}$. Der Übergang von $\mathbf{Y_A}$ zu $\mathbf{X_A}$ kann nun nicht durch z.B. eine uniforme Majorisierung abgebildet werden, da der durchgeführte Transfer für unterschiedliche Merkmale unterschiedliche Proportionen verlangt.

Ungeachtet dieser Tatsache genügen die in Abschnitt 9 vorgestellten mehrdimensionalen Armutsmaße auch alle einem Transferaxiom mit der Majorisierung PD anstatt UM wie im Axiom T. Ursächlich dafür ist vorrangig die „row-first"-Orientierung mit der positiven Substitutionselastizität zwischen den einzelnen Armutsdimensionen. Wird also die Matrix $\mathbf{Y_A}$ als Teilmatrix der Datenbasis $\mathbf{Y} = \begin{pmatrix} 1 & 1 & 1 \\ 4 & 1 & 2 \\ 3 & 3 & 3 \end{pmatrix}$ (vgl. Abschnitt 4) betrachtet, zudem wie bereits in Abschnitt 4 der Vektor $\mathbf{z}' = (3, 3, 3)$ von Armutsgrenzen unterstellt, liefert das Armutsmaß $P^K(\mathbf{Y},\mathbf{z}')$ von Kockläuner (2007) für $\gamma = 2$ und $\varepsilon = 1{,}5$ die gewünschte Ungleichung $P^K(\mathbf{X},\mathbf{z}') = 0{,}4502 < P^K(\mathbf{Y},\mathbf{z}') = 0{,}5077$.

Wird nun die Majorisierung PD mit der Majorisierung CIM (correlation inreasing majorization) im Umordnungsaxiom U aus Abschnitt 8 verglichen, zeigt sich die Unabhängigkeit dieser Majorisierungen (vgl. Diez et al. (2007, S.8)). Entsprechend zeigt Tsui (1999) die Unabhängigkeit der Majorisierungen UM und CIM. Alle bisher angeführten Majorisierungen sind dabei Spezialfälle einer **Richtungsmajorisierung** DM (directional majorization). Diese setzt nach Kolm (1977) bei der verallgemeinerten Lorenz-Ordnung gemäß Abschnitt 23 in Teil I an. Das Kriterium DM verlangt, dass für alle nicht negativen (k,1)-Vektoren **a** gilt: Die Vektoren **Xa** sind bezüglich der verallgemeinerten Lorenz-Ordnung gegenüber den Vektoren **Ya** vorzuziehen. Zum konkreten Vergleich der Majorisierungen PD und DM vgl. Diez et al. (2007, S.9). Wird also in einem Transferaxiom der mehrdimensionalen Armutsmessung die Majorisierung DM gewählt, muss für das betreffende Armutsmaß P die Ungleichung $P(\mathbf{X},\mathbf{z}') \le P(\mathbf{Y},\mathbf{z}')$ gelten. Auf Grund der Tatsache, dass die Armutsmaße aus Abschnitt 9 dem Transferaxiom T genügen, müssen diese Maße dann auch einem modifizierten Transferaxiom mit der Majorisierung DM genügen. Zu weiteren Konsequenzen solcher Armutsmaße, insbesondere in Zusammenhang mit der Majorisierung PD vgl. Lasso de la Vega et al. (2011).

13: Ergänzungen

Natürlich kann das Konzept stochastischer Dominanz (vgl. Abschnitt 23 in Teil I) auch auf die mehrdimensionale Armutsmessung übertragen werden. Ein diesbezüglicher Standardbeitrag ist Duclos et al. (2006).

Zu einer Übertragung des eindimensionalen Watts-Ansatzes (vgl. Abschnitt 30 in Teil I) auf die mehrdimensionale Armutsmessung zusammen mit einer zeitbezogenen Zerlegung vgl. Chakravarty et al. (2008). Dabei ist allerdings zu beachten, dass das vorgestellte multidimensionale Armutsmaß als Ein-Schritt-Maß wie das Armutsmaß nach Foster et al. (1984) in (5) von Abschnitt 9 nicht dem Umordnungsaxiom U (vgl. Abschnitt 8) genügt.

Auch informationstheoretisch motivierte Armutsmaße lassen sich, wie Lugo und Maasoumi (2008) zeigen, auf die mehrdimensionale Armutsmessung übertragen. Dabei setzt jedoch die „row-first"-Ebene im Gegensatz zu Abschnitt 3 nicht bei zensierten relativen Merkmalslücken an. Stattdessen erfolgt eine getrennte Aggregation über die Armutsdimensionen einerseits für die jeweiligen Merkmalswerte y_{ij}, $j = 1,...,k$ der Merkmalsträger $i = 1,...,n$, andererseits für die Armutsgrenzen z_j, $j = 1,...,k$. Als Folge können die vorgeschlagenen mehrdimensionalen Armutsmaße nicht allgemein den grundlegenden Axiomen aus Abschnitt 8, d.h. dem Transferaxiom T und dem Umordnungsaxiom U genügen.

b) Qualitative Merkmale

1: Datengrundlage

Wird die Armutsmessung auf qualitative Merkmale ausgerichtet, sollen diese **ordinal** skaliert sein. Damit ist bei einer sachbezogen qualitativ zu definierenden Armutsgrenze festzustellen, ob in der jeweiligen Merkmalsdimension Armut vorliegt oder nicht. Gegebenenfalls sind die einbezogenen Merkmale sogar von vornherein binär. So bezieht der von Alkire und Foster (2009) entwickelte neue Index für mehrdimensionale Armut (MPI) $k = 10$ ausschließlich binäre Merkmale Y_j, $j = 1,...,k$ ein, die die Armutsdimensionen Gesundheit, Bildung und Lebensqualität abbilden (vgl. UNDP (2010)). Im Gegensatz zum alten Index für mehrdimensionale Armut (HPI-1) (vgl. UNDP (2008)) werden diese Merkmale auf der Ebene von Haushalten $l = 1,...,L$ mit n_l Mitgliedern als Merkmalsträgern erfasst. Statt aber die in den einzelnen Merkmalen erreichte Entwicklung zu betrachten, erfolgt eine direkte Aufnahme vorliegender Entbehrungen. Diese sind absoluten Merkmalslücken (gaps) auf der quantitativen Ebene vergleichbar. Daher bezeichnen Alkire und Foster (2009) die den gegebenenfalls sogar quantitativen Merkmalen gegenüberstehenden binären Entbehrungsvariablen auch mit G_j, $j = 1,...,k$. Liegt nun für einen Merkmalsträger $i \in \{1,...,n\}$ die Entbehrung $j \in \{1,...,k\}$ vor, führt dies auf $g_{ij} = 1$; liegt die jeweilige Entbehrung nicht vor, auf $g_{ij} = 0$. Bei n untersuchten Merkmalsträgern besteht die Datengrundlage einer qualitativen multidimensionalen Armutsmessung dann aus der (n,k)-**Binärmatrix**

$$\mathbf{G} = (g_{ij}) \quad \text{mit } g_{ij} \in \{0, 1\}, i = 1,...,n \text{ und } j = 1,...,k. \qquad (10)$$

Gemäß (10) kennzeichnet der (1,k)-Zeilenvektor $\mathbf{g}_i'$, $i = 1,...,n$ die Entbehrungslage von Merkmalsträger i ($i = 1,...,n$). Entsprechend informiert der (n,1)-Spaltenvektor $\mathbf{g}_j$, $j = 1,...,k$ über die Entbehrungssituation hinsichtlich des Merkmals G_j, $j = 1,...,k$.

2: Definition von Armut

Bei einer großen Zahl k einbezogener Merkmale sollte ein Haushaltsmitglied nicht bereits dann als arm gelten, wenn es parallel zu Teil a) in einer einzigen Variable Entbehrungen aufweist. Vorliegende Armut ist dann notwendig **mehrdimensional**e Armut. In wie vielen Variablen Entbehrungen vorliegen müssen, um ein Haushaltsmitglied als arm zu bezeichnen, hängt auch von einer möglichen Gewichtung der einbezogenen Merkmale ab. So stehen bei dem neuen Index für mehrdimensionale Armut MPI nur jeweils zwei Merkmale für die Armutsdimensionen Gesundheit bzw. Bildung, dagegen sechs Merkmale für die Dimension Lebensqualität (vgl. UNDP (2010)). Da aber alle Dimensionen mit gleichem Gewicht in die Armutsmessung eingehen

sollen, werden den untersuchten k = 10 Merkmalen Gewichte c_j, j = 1,...,k zugeordnet, die sich auf k = 10 summieren. Darauf aufbauend erfolgt dann die Einordnung einzelner Haushaltsmitglieder als arm, wenn die mit ihren Entbehrungen verbundene Summe von Gewichten mindestens den Wert c_0 = 3 aufweist. Welcher Wert im Einzelfall für eine solche Konstante c_0 oder bei identischer Gewichtung für die notwendige Anzahl von Variablen mit vorliegenden Entbehrungen gewählt wird, ist natürlich nicht ohne subjektive Aspekte zu entscheiden. Liegt dieser Wert aber fest, ergibt sich damit die Anzahl q ($0 \leq q \leq n$) armer Merkmalsträger.
Der Fokus auf die armen Merkmalsträger verlangt dann nach einer Zensierung der Datenbasis **G** aus (10) (vgl. auch Abschnitt 3 in Teil a)). Bei gleicher Gewichtung aller Variablen ist die Datenbasis dadurch zu zensieren, dass die sich auf die n – q nicht armen Merkmalsträger beziehenden Zeilen durch Nullzeilen ersetzt werden. Deren Anzahl erhöht sich mit steigendem c_0. Für verschiedene Werte dieser Konstante ergeben sich damit Schichtungen von Entbehrungsgraden und damit von Merkmalsträgern dergestalt, dass bei c_0 = k nur noch diejenigen Merkmalsträger für die weitere Analyse übrig bleiben, für die in allen k Dimensionen Entbehrungen vorliegen. Ein solcher Grenzfall wird in der Literatur dem „intersection"-Ansatz der mehrdimensionalen Armutsmesssung zu Grunde gelegt. Bei ungleicher Gewichtung ist die erhaltene **zensierte** (n,k)-**Datenbasis G*** noch dahingehend zu modifizieren, dass die verbliebenen Einselemente durch das Gewicht der jeweiligen Variable zu ersetzen sind.

3: Armutsmaße

Ein multidimensionales **Armutsmaß** P kann im Fall qualitativer Variablen als Abbildung ausschließlich der Datenbasis **G** als Element aus der Menge möglicher Datenbasen in das Intervall [0,1] definiert werden, da in der Gewinnung von **G** gegebene Armutsgrenzen bereits Berücksichtigung gefunden haben. Für die konkrete Ermittlung zugehöriger Funktionswerte gilt es, die aus der Datengrundlage (10) entstandene zensierte Datenbasis **G*** auszuwerten. Als einfachster Ansatz bietet es sich dann an, mit

$$P^{AF}(\mathbf{G}) = \frac{1}{nk}\sum_{i=1}^{n}\sum_{j=1}^{k} g_{ij}^{*} \tag{11}$$

das arithmetische Mittel aller Elemente von **G*** zu bilden. Dieser Vorschlag stammt von **Alkire und Foster** (2009), daher die Bezeichnung P^{AF}(**G**) in (11). Das Maß (11) wird auch „dimension adjusted headcount ratio" genannt (vgl. Alkire und Foster (2009, S.9)) , kann (11) doch als Produkt des head count ratio H = q/n (vgl. Abschnitt 10 in Teil I) mit dem über alle armen Merkmalsträger gebildeten durchschnittlichen Anteil an den k Variablen, in denen Entbehrungen vorliegen, geschrieben werden. Für den neuen Index für menschliche Armut MPI mit der modifizierten zensierten Datenbasis **G*** heißt das analog, dass dieser „den Anteil der Bevölkerung ausdrückt, der von multidimensionaler Armut betroffen ist, wobei die Intensität der Mängelzustände berücksichtigt wird" (vgl. UNDP (2010, S.257)). Der Bericht über die menschliche Entwicklung 2010 präsentiert gemäß (11) ermittelte Werte des MPI für 104 Länder (vgl. UNDP (2010)).

Liegen wie beim MPI auf Grund unterschiedlicher Variablengewichte in der Matrix **G*** positive von Eins verschiedene Elemente vor oder bei vorhandenen quantitativen Merkmalen auch zensierte relative Merkmalslücken, kann das Maß (11) mit Hinblick auf den Ansatz von Foster et al. (1984) verallgemeinert werden. Dazu bieten Alkire und Foster (2009) an, Potenzen der Elemente von **G*** zur Korrektur von $P^{AF}(\mathbf{G})$ zu nutzen. Unter Gesichtspunkten der Aggregation bleibt das Maß (11) aber ein Ein-Schritt-Maß, da es bei der Aggregation alle Merkmale und alle Merkmalsträger gleich behandelt.

Im Gegensatz dazu verschreiben sich **Bossert et al.** (2009) dem „**row-first**"-Ansatz (vgl. Abschnitt 6 in Teil a)). Ihr hier modifizierter Vorschlag erfasst die **individuell**e multidimensionale Armutssituation von Merkmalsträger i über

$$P(\mathbf{g}_i') = \frac{1}{k}\sum_{j=1}^{k} g_{ij}^{*}, \quad i = 1,\dots,n \qquad (12)$$

also das arithmetische Mittel aller Elemente des (1,k)-Zeilenvektors $\mathbf{g}_i^{*\prime}$ von **G*** (vgl. dazu auch (6) in Teil a)). Da in (12) ein arithmetisches Mittel gebildet wird, ist im Gegensatz zu Bossert et al. (2010) hier $P(\mathbf{g}_i') \in [0,1]$ für i = 1,...,n gesichert. Die Aggregation über die n Merkmalsträger erfolgt dann analog zu Kockläuner (1998) (vgl. (15) in Abschnitt 16 von Teil I) mit Hilfe eines (1 + ε)-Mittels als

$$P^{B}(\mathbf{G}) = \left(\frac{1}{n}\sum_{i=1}^{n} P(g_i')^{1+\varepsilon}\right)^{1/(1+\varepsilon)}, \quad \varepsilon > 0. \qquad (13)$$

4: Axiomatische Einordnung

Aufgrund ihrer Struktur genügen die Maße $P^{AF}(\mathbf{G})$ und $P^{B}(\mathbf{G})$ dem Fokusaxiom F, dem Normierungsaxiom N auch in seiner erweiterten Form, dem Anonymitätsaxiom A, dem Axiom der Replikationsinvarianz RI, dem Axiom starker Monotonie SM und dem Axiom der Untergruppenkonsistenz UK, wie diese in Abschnitt 7 von Teil a) formuliert sind. Das Maß $P^{AF}(\mathbf{G})$ ist zudem additiv zerlegbar.

Bei der durch Bossert et al. (2009) vorgenommenen **Axiomatisierung** von $P^{B}(\mathbf{G})$ aus (13) ist hervorzuheben, dass das vorgeschlagene (1 + ε)-Mittel neben dem Axiom N in seiner erweiterten Form dem Axiom SM und dem auf Separabilität erweiterten Axiom UK auch dem Stetigkeitsaxiom S, dem Axiom der Skaleninvarianz SI (dort das Axiom linearer Homogenität) genügen und zudem auch S-konvex (vgl. das Transferaxiom T in Abschnitt 8 von Teil a)) sein soll. Damit ergibt sich dann notwendig die Struktur des $(1 + \varepsilon)$-Mittels, allerdings mit der Möglichkeit, dass $1 + \varepsilon$ von der Anzahl n einbezogener Merkmalsträger abhängt. Um dem zu begegnen, führen Bossert et al. (2009) zusätzlich ein Populationsprinzip ein. Dieses besagt: Das Maß $P^B(\mathbf{G})$ verändert sich nicht, wenn beim Übergang von n auf n + 1 Merkmalsträger der zusätzliche Merkmalsträger n + 1 die multidimensionale Armutssituation $P(\mathbf{g}_{n+1}') = P^B(\mathbf{G})$ aufweist, also das aggregierte Ausmaß von Armut der ersten n Merkmalsträger.

5: Ergänzungen

Zu konkreten statistischen Problemen bei der Bestimmung des neuen Index für mehrdimensonale Armut MPI sei auf Alkire und Santos (2010) verwiesen (vgl. auch UNDP (2010)).

c) Fuzzy-Ansatz

1: Datengrundlage
Der Fuzzy-Ansatz zur mehrdimensionalen Armutsmessung erlaubt die Einbeziehung ordinal wie auch kardinal skalierter Merkmale. Dieser Ansatz geht auf Cerioli und Zani (1990) zurück. Er soll hier Cheli und Lemmi (1995) folgend als „totally fuzzy and relative" vorgestellt werden (vgl. auch Dagum und Costa (2004)).
Danach besteht die Datenbasis aus den Merkmalen Y_j, j = 1,...,k, die **qualitativ** oder **quantitativ** sind. Diese Merkmale werden wie im Teil b) auf der Ebene von Haushalten l = 1,...,L mit n_l Mitgliedern als Merkmalsträgern erfasst. Bei insgesamt n betrachteten Merkmalsträgern ist die Datengrundlage dann wie in Teil a) als (n,k)-**Matrix**

$$\mathbf{Y} = (y_{ij}) \quad \text{für } i = 1,...,n \text{ und } j = 1,...,k \tag{14}$$

gegeben. Dabei können wie in (1) für quantitative Merkmale ausschließlich positive Elemente vorausgesetzt werden. Werden die Werte der qualitativen Merkmale über Ränge codiert, gilt entsprechendes in (14) auch für diesen Merkmalstyp. Wie zuvor kennzeichnet der (1,k)-Zeilenvektor $\mathbf{y}_i'$ von **Y** die Armutslage von Merkmalsträger i (i = 1,....,n). Entsprechend fasst der (n,1)-Spaltenvektor $\mathbf{y}_j$ von **Y** die Merkmalswerte von Merkmal Y_j, j = 1,...,k zusammen. Entscheidend für den hier zu beschreibenden Fuzzy-Ansatz sind aber weniger die eigentlichen Merkmalswerte als die jeweils mit steigender Armutsgefährdung kumulierten relativen Häufigkeiten.

2: Definition von Armut
Der Fuzzy-Ansatz kann auf die ohnehin von jeweils subjektiven Einflüssen begleitete Festlegung jeglicher Armutsgrenzen verzichten (vgl. dagegen Abschnitt 27 in Teil I). Da die Zugehörigkeit eines Merkmalsträgers zur Gruppe der Armen häufig vage ist, gilt es, auf geeignete Weise den Zugehörigkeitsgrad eines jeden Merkmalsträgers zu dieser Gruppe zu bestimmen. Im Gegensatz zur eindimensionalen Betrachtung von Abschnitt 27 in Teil I sollen hier jedoch die Zugehörigkeitsgrade nicht datenunabhängig modelliert werden. Für den Merkmalsträger i ist der **Zugehörigkeitsgrad** stattdessen vorerst allgemein als

$$f(\mathbf{y}_i') = \sum_{j=1}^{k} g(y_{ij})w_j \Big/ \sum_{j=1}^{k} w_j\,, \quad i = 1,...,n \tag{15}$$

zu definieren. In (15) gibt die Funktion g für den Merkmalsträger i (i = 1,...,n) Auskunft über den Grad von Zugehörigkeit zur Gruppe der Armen auf Grund

seines Wertes von Merkmal Y_j, j = 1,...,k. Eine Merkmalsgewichtung erfolgt dabei durch das System der Konstanten w_j, j = 1,...,k.
Werden die Funktion g sowie die Gewichtung der Merkmale nun gemäß Cheli und Lemmi (1995) bezogen auf relative Häufigkeiten aus der Datenbasis **Y** aus (14) definiert, ergibt sich ein vollständig relativer Zugehörigkeitsgrad. Denn dann gilt einerseits für den Zugehörigkeitsgrad von Merkmalsträger i (i = 1,...,n), dass er „depends on his position in the distribution of that item in the society" (vgl. Cheli und Lemmi (1995, S.124)). Andererseits bestimmt sich die Wichtigkeit der Merkmale dann „by the frequency of the poverty symptoms directly observed" (vgl. Cheli und Lemmi (1995, S. 124)).
Konkretisiert bedeutet dies bei einer Sortierung $y_j^{(l)}$, l = 1,..,L von Werten des Merkmals Y_j gemäß ansteigender Armutsgefährdung und der darauf ausgerichteten empirischen Verteilungsfunktion $\hat{F}_{Y_j}$ für y_{ij}, i = 1,...,n und j = 1,...,k (vgl. Cheli und Lemmi (1995, S.125)):

$$g(y_{ij}) = g(y_j^{(l)}) = 0 \quad \text{für } l = 1 \text{ und} \tag{16}$$
$$g(y_{ij}) = g(y_j^{(l)}) = g(y_j^{(l-1)}) + (\hat{F}_{Y_j}(y_j^{(l)}) - \hat{F}_{Y_j}(y_j^{(l-1)}))/(1 - \hat{F}_{Y_j}(y_j^{(l)}))$$
$$\text{für } l > 1.$$

Nach (16) steigt der Zugehörigkeitsgrad (15) von Merkmalsträger i ∈ {1,...,n} zur Gruppe der Armen datenabhängig mit dem Maß g seiner Armutsgefährdung im Merkmals Y_j, j = 1,...,k.
Aus den Resultaten der Anwendung von (16) ergibt sich mit $\bar{g}(y_j) = \frac{1}{n}\sum_{i=1}^{n} g(y_{ij})$ der Fuzzy-Anteil von hinsichtlich des Merkmals Y_j, j = 1,...,k armer Merkmalsträger. Damit lassen sich dann die **Gewicht**e der Merkmale Y_j über

$$w_j = \ln(1/\bar{g}(y_j)), \quad j = 1,,.,k \tag{17}$$

bestimmen. Die Argumentation hinter dem Ansatz (17) ist mit Cerioli und Zani (1990) wie folgt: Je weniger Merkmalsträger in einem Merkmal von Armut betroffen sind, um so stärker werden diese die betreffende Armut verspüren.

3: Armutsmaße
Ein multidimensionales **Armutsmaß** soll für den hier vorgestellten Fuzzy-Ansatz als Abbildung P der Datenbasis **Y** aus (14) als Element aus der Menge möglicher Datenbasen in das Intervall [0,1] aufgefasst werden. Jeglicher Bezug auf konkrete Armutsgrenzen wie in Abschnitt 27 von Teil I kann entfallen. Der Fuzzy-Ansatz zur multidimensionalen Armutsmessung aggre-

giert die individuellen Zugehörigkeitsgrade aus (15). Er kann danach als „row-first"-Ansatz aufgefasst werden (vgl. Abschnitt 6 in Teil a)). Da die Werte $f(\mathbf{y}_i')$, i = 1,...,n individuelle Armut erfassen, ergibt die Aggregation darüber das Maß von **Cheli und Lemmi** (1995)

$$P^{CL}(\mathbf{Y}) = \frac{1}{n}\sum_{i=1}^{n} f(y_i') = \sum_{j=1}^{k} \bar{g}(y_j) w_j / \sum_{j=1}^{k} w_j . \tag{18}$$

Die zweite Schreibweise in (18) zeigt P(**Y**) allerdings als gewichtetes Mittel der Fuzzy-Anteile einzelner Merkmale und weist damit eine „column-first"-Aggregation aus. Insgesamt stellt sich das Fuzzy-Armutsmaß (18) dann wie das Maß $P^{AF}(\mathbf{G})$ in (11) als Ein-Schritt-Maß dar. Zu einer Fallstudie, die P(**Y**) aus (18) verwendet, vgl. Dagum und Costa (2004).

4: Einordnung

Über das Konzept der α-Schnitte (vgl. Kruse et al. (1993, S.16)) lassen sich nun analog zur Diskussion in Abschnitt 2 von Teil b) Schichtungen der von mit dem jeweiligen Vektor $\mathbf{y}_i'$, i = 1,...,n verbundenen Zugehörigkeitsgrade und damit auch von Merkmalsträgern gewinnen. Ein α-Schnitt ist hier bezogen auf (15) wie folgt zu definieren (vgl. auch Dagum und Costa (2004)):

$$\mathbf{Y}_\alpha = \{\, \mathbf{y}_i' : f(\mathbf{y}_i') \geq \alpha\}, \quad \alpha \in [0,1]. \tag{19}$$

Je größer der Parameter α gewählt wird, desto weniger Zeilenvektoren der Datenbasis **Y** aus (14) genügen der mit (19) verbundenen Ungleichung, desto weniger Elemente enthält die Menge $\mathbf{Y}_\alpha$. Um so weniger Merkmalsträger weisen dann einen individuellen Zugehörigkeitsgrad zur Gruppe der Armen von mindestens α auf. Maßnahmen zur Armutsbekämpfung können sich dann vorrangig auf diese wenigen Merkmalsträger ausrichten.

5: Ergänzungen

Zu einer axiomatischen Charakterisierung von Maßen wie P(**Y**) in (18) vgl. Chakravarty (2006). Dieser Beitrag ist Teil der Überblicksdarstellung zum Fuzzy-Ansatz in der multidimensionalen Armutsmessung von Lemmi und Betti (2006).

Literaturverzeichnis

Alkire, S. und J. Foster (2009): Counting and Multidimensional Poverty Measurement. OPHI Working Paper 7. Oxford.

Alkire, S. und M.E. Santos (2010): Acute Multidimensional Poverty: A New Index for Developing Countries. OPHI Working Paper 37. Oxford.

Anand, S. (1983): The Measurement of Income Inequality. In: Subramanian, S. (Hrsg.) (2001): Measurement of Inequality and Poverty. New Delhi, S.81-105.

Anand, S. und A. Sen (1997): Concepts of Human Development and Poverty: A Multidimensional Perspective. Human Development Report 1997 Papers. UNDP, New York.

Atkinson, A.B. (1970): On the Measurement of Inequality. Journal of Economic Theory 2, S.244-263.

Atkinson, A.B. (1987): On the Measurement of Poverty. Econometrica 55, 749-764.

Atkinson, A.B. (2003): Multidimensional Deprivation: Contrasting Social Welfare and Counting Approaches. Journal of Economic Inequality 1, S.51-65.

Bamberg, G. et al. (2008): Statistik. München.

Blackorby, C. und D. Donaldson (1980): Ethical Indices for the Measurement of Poverty. Econometrica 48, S.1053-1060.

Boland, Ph.J. und F. Proschan (1988): Multivariate Arrangement Increasing Functions with Applications in Probability and Statistics. Journal of Multivariate Analysis 25, S. 286-298.

Bosmans, K. et al. (2009): New Perspectives on a More-or-Less Familiar Poverty Index, with Extensions. Ecineq Working Paper 116.

Bossert, W. und A. Pfingsten (1990): Intermediate Inequality: Concepts, Indices, and Welfare Implications. Mathematical Social Sciences 19, S.117-134.

Bossert, W. et al. (2009): Multidimensional Poverty and Material Deprivation. Ecineq Working Paper 129.

Bossert, W. et al. (2010): Poverty and Time. UNU-WIDER Working Paper 74. Helsinki.

Bourguignon, F. und S.R. Chakravarty (1999): A Family of Multidimensional Poverty Measures. In: Slottje, D.-J. (Hrsg.): Essays in Honor of Camilo Dagum. Heidelberg, S.331-344.

Bourguignon, F. und S.R. Chakravarty (2003): The Measurement of Multidimensional Poverty. Journal of Economic Inequality 1, S.25-49.

Bourguignon, F. und G. Fields (1997): Discontinuous Losses from Poverty, Generalized P_α Curves, and Optimal Transfers to the Poor. Journal of Public Economics 63, S.155-175.

Cerioli, A. und S. Zani (1990): A Fuzzy Approach to the Measurement of Poverty. In: Dagum, C. und M. Zenga (Hrsg.): Income and Wealth Distribution, Inequality and Poverty. Berlin, S.272-284.
Chakraborty, A. et al. (2008): On the Mean of Squared Deprivation Gaps. Economic Theory 34, S.181-187.
Chakravarty, S.R. (1983): A New Index of Poverty. Mathematical Social Sciences 6, S.307-313.
Chakravarty, S.R. (2006): An Axiomatic Approach to Multidimensional Poverty Measurement via Fuzzy Sets. In: Lemmi, A. und G. Betti (Hrsg.): Fuzzy Set Approach to Multidimensional Poverty Measurement. New York, S.49-72.
Chakravarty, S.R. (2009): Inequality, Polarization and Poverty. New York.
Chakravarty, S.R. et al. (1998): On the Family of Subgroup and Factor Decomposable Measures of Multidimensional Poverty. Research on Economic Inequality 8, S.175-194.
Ckakravarty, S.R. et al. (2006): Population Growth and Poverty Measurement. Social Choice and Welfare 26, S.471-483.
Chakravarty, S.R. et al. (2008): On the Watts Multidimensional Poverty Index and its Decomposition. World Development 36, S.1067-1077.
Chakravarty, S.R. und P. Muliere (2004): Welfare Indicators: a Review and New Perspectives. 2. Measurement of Poverty. Metron 62, S.247-281.
Cheli, B. und A. Lemmi (1995): A „Totally“ Fuzzy and Relative Approach to the Multidimensional Analysis of Poverty. Economic Notes 24, S.115-134.
Clark, S. et al. (1981): On Indices for the Measurement of Poverty. Economic Journal 91, S.515-526.
Cowell, F.A. (2011): Measuring Inequality. Oxford.
Dagum, C. und M. Costa (2004): Analysis and Measurement of Poverty: Univariate and Multivariate Approaches and their Policy Implications; a Case Study: Italy. In: Dagum, C. und G. Ferrari (Hrsg.): Household Behavior, Equivalence Scales, Welfare and Poverty. Heidelberg, S.221-271.
Dasgupta, P. et al. (1973): Notes on the Measurement of Inequality. Journal of Economic Theory 6, S.180-187.
Davidson, R. und J.-Y. Duclos (2000): Statistical Inference for Stochastic Dominance and for the Measurement of Poverty and Inequality. Econometrica 68, S.1435-1464.
Diez, H. et al. (2007): A Consistent Multidimensional Generalization of the Pigou-Dalton Transfer Principle: An Analysis. The B.E. Journal of Theoretical Economics. Article 45.
Donaldson, D. und J.A. Weymark (1986): Properties of Fixed-Population Poverty Indices. International Economic Review 27, S.667-688.

Duclos, J.-Y. (2009): What is „Pro-Poor“?. Social Choice and Welfare 32, S.37-58.

Duclos, J.-Y. et al. (2006): Robust Multidimensional Poverty Comparisons. The Economic Journal 116, S.943-968.

Dutta, I. und J. Foster (2010): On Measuring Vulnerability to Poverty. Boston University, Institute for Economic Development, Discussion Papers 194.

Ebert, U. (2010): Equity-Regarding Poverty Measures: Differences in Needs and the Role of Equivalence Scales. The Canadian Journal of Economics 43, S.301-322.

Ebert, U. und P. Moyes (2002): A Simple Axiomatization of the Foster, Greer and Thorbecke Poverty Orderings. Journal of Public Economic Theory 4, S.455-473.

Esposito, L. und P. Lambert (2007): A fourth 'I' of Poverty. University of Oregon. Department of Economics.

Foster, J.E. (1984): On Economic Poverty: A Survey of Aggregate Measures. In: Basmann, R. und G. Rhodes (Hrsg.): Advances in Econometrics 3. Greenwich, S.215-251.

Foster, J.E. (2009): A Class of Chronic Poverty Measures. In: Addison, T. et al. (Hrsg.): Poverty Dynamics. Oxford, S.59-77.

Foster, J.E. et al. (1984): A Class of Decomposable Poverty Measures. Econometrica 52, S.761-766.

Foster, J.E. et al. (2005): Measuring the Distribution of Human Development: Methodology and an Application to Mexico. Journal of Human Development 6, S.5-29.

Foster, J.E. et al. (2010): The Foster-Greer-Thorbecke (FGT) Poverty Measures: 25 Years Later. Journal of Economic Inequality 8, S.491-524.

Foster, J.E. und A.F. Shorrocks (1988): Poverty Orderings. Econometrica 56, S.173-177.

Foster, J.E. und A.F. Shorrocks (1991): Subgroup Consistent Poverty Indices. Econometrica 59, S.687-709.

Gajdos, T. und J.A. Weymark (2003): Multidimensional Generalized Gini Indices. Economic Theory 26, S.471-496.

Gini, C. (1912): Variabilita' e Mutabilita': Contributo allo Studio delle Distribuzioni e delle Relationi Statistiche. Bologna.

Hagenaars, A. (1987): A Class of Poverty Indices. International Economic Review 28, S.583-607.

Hardy, G. et al. (1964): Inequalities. Cambridge.

Hassoun, N. und S. Subramanian (2010): On Some Problems of Variable Population Poverty Comparisons. UNU-WIDER Working Paper 71. Helsinki.

Herrero, C. et al. (2010): Improving the Measurement of Human Development. Human Development Research Paper 12. UNDP-HDRO, New York.

Hoy, M. und B. Zheng (2008): Measuring Lifetime Poverty. Department of Economics, University of Guelph, Discussion Paper 14.

Jenkins, S.P. und P.J. Lambert (1997): Three 'I's of Poverty Curves, with an Analysis of UK Poverty Trends. Oxford Economic Papers 49, S.317-327.

Kockläuner, G. (1998): Representative Incomes in Poverty Measurement. Journal of the Ethiopian Statistical Association 8, S.1-9.

Kockläuner, G. (2002): Revisiting Two Poverty Indexes. Allgemeines Statistisches Archiv 86, S.299-305.

Kockläuner, G. (2006): A Centrist Poverty Index. In: Haasis, H.-D. et al. (Hrsg.): Operations Research Proceedings 2005. Berlin, S.467-469.

Kockläuner, G. (2007): A Multidimensional Poverty Index. In: Waldmann, K.-H. und U.M. Stocker (Hrsg.): Operations Research Proceedings 2006. Berlin, S.223-225.

Kockläuner, G. (2011): Die neuen Indizes des „Bericht über die menschliche Entwicklung 2010." AStA Wirtschafts- und Sozialstatistisches Archiv 5 (erscheint demnächst).

Kolm, S. (1976): Unequal Inequalities . I. Journal of Economic Theory 12, S.416-442.

Kolm, S. (1977): Multidimensional Egalitarianisms. Quarterly Journal of Economics 91, S.1-13.

Krtscha, M. (1994): A New Compromise Measure of Inequality. In: Eichhorn, W. (Hrsg.): Models and Measurement of Welfare and Inequality. Heidelberg, S.111-120.

Kruse, R. et al. (1993): Fuzzy-Systeme. Stuttgart.

Kundu, A. und T.E. Smith (1983): An Impossibility Theorem on Poverty Indices. International Economic Review 24, S.423-434.

Lambert, P. (2001): The Distribution and Redistribution of Income. Manchester.

Lasso de la Vega, M.C. und A. Urrutia (2011): Characterizing how to Aggregate the Individuals' Deprivations in a Multidimensional Framework. Journal of Economic Inequality 9, S.183-194.

Lasso de la Vega, M.C. et al. (2009): The Bourguignon and Chakravarty Multidimensional Poverty Family: A Characterization. Ecineq Working Paper 109.

Lasso de la Vega, M.C. et al. (2011): Capturing the Distribution Sensitivity among the Poor in a Multidimensional Framework. A New Proposal. Ecineq Working Paper 193.

Lemmi, A. und G. Betti (Hrsg.) (2006): Fuzzy Set Approach to Multidimensional Poverty Measurement. New York.

List, Ch. (1999): Multidimensional Inequality Measurement: A Proposal. Nuffield College Working Paper in Economics 27.

Lorenz, M.O. (1905): Methods of Measuring the Concentration of Wealth. Journal of the American Statistical Association 70, S.209-219.

Lugo, M.A. und E. Maasoumi (2008): Multidimensional Poverty Measures from an Information Theory Perspective. Ecineq Working Paper 85.

Marshall, A.W. und I. Olkin (1979): Inequalities: Theory of Majorization and its Applications. San Diego.

Mosler, K. (1994): Majorization in Economic Disparity Measures. Linear Algebra and Its Applications 199, S.91-114.

Pattanaik, P.K. et al. (2011): On Measuring Deprivation and Living Standards of Societies in a Multi-Attribute Framework. Oxford Economic Papers (online).

Rawls, J. (1993): Eine Theorie der Gerechtigkeit. Frankfurt am Main.

Schaich, E. (1995): Sensitivitätsanalyse von Armutsmaßen. Allgemeines Statistisches Archiv 79, S.376-401.

Schaich, E. und R. Münnich (1996): Der Fuzzy-Set-Ansatz in der Armutsmessung. Jahrbücher für Nationalökonomie und Statistik 211, S.444-469.

Seidl, Ch. (1988): Poverty Measurement: A Survey. In: Bös, D. et al. (Hrsg.): Welfare and Efficiency in Public Economics. Berlin, S.71-147.

Sen, A. (1976): Poverty: An Ordinal Approach to Measurement. Econometrica 44, S.219-231.

Sen, A. (1981): Poverty and Famines: An Essay on Entitlement and Deprivation. Oxford.

Sen, A.K. (1983): Poor, Relatively Speaking. Oxford Economic Papers 35, S.153-169. Auch in: Subramanian, S. (Hrsg.) (2001): Measurement of Inequality and Poverty. New Delhi, S.159-179.

Seth, S. (2009a): A Class of Association Sensitive Multidimensional Welfare Indices. OPHI Working Paper 27. Oxford.

Seth S. (2009b): Inequality, Interactions, and Human Development. Journal of Human Development and Capabilities 10, S.375-396.

Shorrocks, A.F. (1983): Ranking Income Distributions. Economica 50, S.3-17.

Shorrocks, A.F. (1995): Revisiting the Sen Poverty Index. Econometrica 63, S.1225-1230.

Subramanian, S. (Hrsg.) (2001): Measurement of Inequality and Poverty. New Delhi.

Subramanian, S. (2004): A Re-scaled Version of the Foster-Greer-Thorbecke Poverty Indices based on an Association with the Minkowski Distance Function. UNU-WIDER Research Paper 10. Helsinki.

Subramanian, S. (2009a): Poverty Measures as Normalized Distance Functions. Indian Economic Review 44, S.171-183.

Subramanian, S. (2009b): Revisiting the Normalization Axiom in Poverty Measurement. Finnish Economic Papers 22, S.89-98.

Sydsaeter, K. et al. (2005): Further Mathematics for Economic Analysis. Harlow.

Theil, H. (1967): Economics and Information Theory. Amsterdam.

Tsui, K. (1999): Multidimensional Inequality and Multidimensional Generalized Entropy Measures: An Axiomatic Derivation. Social Choice and Welfare 16, S.145-157.

Tsui, K. (2002): Multidimensional Poverty Indices. Social Choice and Welfare 19, S.69-93.

UNDP (2008): Bericht über die menschliche Entwicklung 2007/2008. Berlin.

UNDP (2010): Bericht über die menschliche Entwicklung 2010. Berlin.

Watts, H.W. (1968): An Economic Definition of Poverty. In: Moynihan, D.P. (Hrsg.): On Understanding Poverty. New York, S.19-32.

Zheng, B. (1997): Aggregate Poverty Measures. Journal of Economic Surveys 11, S.123-162.

Zheng, B. (1999): On the Power of Poverty Orderings. Social Choice and Welfare 16, S.349-371.

Zheng, B. (2000): Poverty Orderings. Journal of Economic Surveys 14, S.427-466.

Zheng, B. (2004): On Intermediate Measures of Inequality. Studies on Economic Well-being 12. Amsterdam, S.135-157.

Zheng, B. (2007): Unit-Consistent Poverty Indices. Economic Theory 31, S.113-142.

Sachwortverzeichnis

T

U

Z